浙江省普通高校"十三五"新形态教材

Computational Polymer Science

计算高分子科学

凌　君 ◎编著

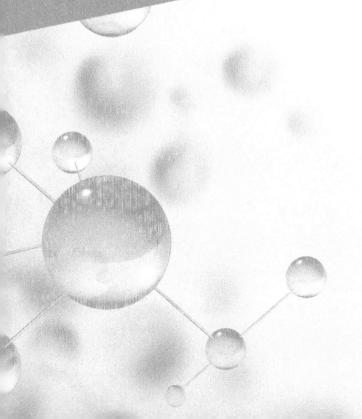

ZHEJIANG UNIVERSITY PRESS
浙江大学出版社
·杭州·

图书在版编目(CIP)数据

计算高分子科学 / 凌君编著. 一 杭州：浙江大
学出版社，2022.5
ISBN 978-7-308-22608-0

Ⅰ.①计… Ⅱ.①凌… Ⅲ.①计算－高分子化学
Ⅳ.①O63

中国版本图书馆 CIP 数据核字(2022)第 076867 号

计算高分子科学
JISUAN GAOFENZI KEXUE

凌 君 编著

责任编辑	徐 霞	
责任校对	王元新	
封面设计	春天书装	
出版发行	浙江大学出版社	
	（杭州市天目山路 148 号 　邮政编码 310007）	
	（网址：http://www.zjupress.com）	
排　版	杭州林智广告有限公司	
印　刷	广东虎彩云印刷有限公司绍兴分公司	
开　本	787mm×1092mm　1/16	
印　张	9.25	
字　数	189 千	
版 印 次	2022 年 5 月第 1 版　2022 年 5 月第 1 次印刷	
书　号	ISBN 978-7-308-22608-0	
定　价	32.00 元	

目　录

第1章 绪 论

在进入本书之前，我们先来看一个简单的问题："假设聚苯乙烯聚合链的构象遵循伯努利分布（每个链节构象完全无规），那么在一个聚苯乙烯的五单元组中，出现连续的全同三单元组（mm）的概率是多少？"

对于学习过高分子化学的同学来说，这个问题应该不难。最简单的方法便是将所有五元组的16种可能性枚举出来，找出其中带有 mm 三单元组的8种情况，所以答案是8/16＝0.5。

我们再来看一个进阶的问题："假设聚苯乙烯聚合链的构象遵循伯努利分布（每个链节构象完全无规），那么在一个聚苯乙烯的 Y 单元组中，出现连续的全同 X 单元组的概率是多少（$2 \leqslant X \leqslant Y$）？"

如果你还试图用枚举法解决这个问题，那么很遗憾地告诉你：当 $Y=11$ 时，所有的 Y 元组序列可能性将有1024种！显然，枚举法在 Y 很大的时候已经不再适用。但是，当你学习过本书中的内容（尤其是 Monte Carlo 模拟部分）后，X 和 Y 不论有多大，这道题对你来说都是一样的简单。

上面所述的 Monte Carlo 模拟，只是本书内容的一部分。本书想要向大家介绍的是如何将计算机技术运用到高分子学科的学习和研究中来，这里面包括了数值计算、计算机模拟、优化方法等前沿内容，也包括了计算机软件应用等辅助工具。

科学研究中经常用到数值计算方法，尤其在处理实验数据、寻找实验数据规律、求解（微分）方程组等时，更离不开计算机的辅助。目前已有一些商用软件能够解决一些特定的计算工作（将在本书的"软件应用"章节介绍），本书将简介常见的数值计算方法，用于高分子科学研究。

计算机技术在高分子领域的另一个重要应用便是计算机分子模拟。如果说以量子物理为代表的理论敲开了微观世界的大门，那么计算机分子模拟便是人们在微观世界遨游探索的必备工具。计算机分子模拟早在20世纪60年代就已成为独立的研究领域。随着分子模型的进步、模拟算法的发展以及计算机硬件的更新换代，它已成为研究者的常用手段。2013年的诺贝尔化学奖颁给了马丁·卡普拉斯（Martin

Karplus)、迈克尔·莱维特（Michael Levitt）与阿里耶·瓦谢勒（Arieh Warshel），以表彰他们在"开发多尺度复杂化学系统模型方面所做的贡献"。此发现使经典物理学与量子物理学得以在一个计算体系内协同工作。这是诺贝尔化学奖继1998年后对计算化学的又一次单独嘉奖。由此可见，计算机分子模拟在科研领域的重要性已得到普遍承认。

常见的计算机分子模拟是以建立在原子水平上的模型对分子进行模拟，其研究工具是计算机硬件结合模拟软件。发展至今，计算机分子模拟不仅可以模拟分子的静态结构，还可以模拟分子的动态行为，由此对分子的物理性质、化学性质或者动态过程中的参数进行计算。计算机分子模拟的一大优点是信息完整。一般的实验过程，因为观察尺度的局限与时间尺度的局限，研究对象的信息只能达到有效的精度。而计算机分子模拟所能做到的，是对研究对象以任意尺度与任意时间精度的信息进行收集（只要计算机有足够的存储空间和运算能力）。而且，由此得到的信息，可以利用计算机可视化的功能通过图像展现出来，使研究人员能够更加直观地做出判断。计算机进行模拟时可以一天工作24小时，相比于普通实验，具有更加高效的优点。这在科研与实际生产中都有重要的经济效应。不夸张地说，计算机模拟是相对于普通实验和理论研究的第三种科学研究方法。

高分子由大量重复单元构成，具有分子量大、多分散性的特点。体系的复杂性与不确定性，使得高分子研究很早就与计算机模拟结下了不解之缘。可以预见的是，随着高分子科学研究对象和过程的不断复杂化，计算机分子模拟在高分子科学领域的作用将越来越大。

除了在高分子科学前沿崭露头角，计算机技术的发展还催生了很多软件的问世。这些软件的出现，对于高分子科学的日常科研也能提供很大便捷。现如今，不再有人会用纸笔或者打字机来撰写科学论文或者用描点法在计算纸上作图，而是选择 Word 和 Latex 等文字编辑软件。Excel 和数据库等软件，使得实验数据的存储和分析更加方便，也更易于备份。Origin 因为其出色的科学绘图功能，也被公认为科技作图的标准化软件。更加专业的 ChemOffice 为绘制化学结构式提供了简便的方法。Material Studio、Gaussian、MATLAB 等功能强大的应用软件，在高分子科学研究的各个方面都有着广泛的应用。作为高分子科学的研究者，对这些软件有一定的了解和掌握，对日后的科研工作一定会有帮助。

本书面向所有高分子科学与材料专业高年级本科生与研究生，不需要读者具有计算化学理论基础，内容力图覆盖计算机在高分子科学研究领域内的主要应用方向，注重内容易懂和较为全面，为实际具体应用提供一些范例。本书同时也可供化学与材料学相关研究工作者参考。

第2章 数值方法与计算化学

在日常的科学实验中，研究者会遇到各种各样的数据，还会面对众多的数据处理需求，比如重复试验下多组数据的比较分析；对于条件试验，寻找所得数据与所设条件的相互关系及其变化规律；由实验数据计算得到研究者所关心的参数；等等。

如何寻找数据间存在的规律，如何验证和评价推导所得的规律，如何检验数理统计或经验公式的正确性与有效性，乃至如何在大量数据基础上推导出所关心的参数，如此种种，都是研究者在分析数据时所关注的焦点。

本章介绍误差相关定义、回归、插值、积分、方程求解、微分方程求解等计算化学中常用的数学方法。

2.1 误差与数理统计基础

2.1.1 定 义

1.准确度

准确度即测量值 x 与真值 μ_0 的符合程度，用于说明测定结果的可靠性。实际应用中常用相对误差的大小来衡量测定结果的准确度：

$$相对误差 = \frac{绝对误差}{真值} \times 100\% = \frac{x - \mu_0}{\mu_0} \times 100\% \tag{2-1}$$

一般情况下，研究对象的真值并不可知，所以，准确度并不容易获得。

2.精密度

与准确度不同，精密度是在确定的条件下，重复相同的实验所得数据的一致程度。精密度用于说明测定数据的再现性和重复性，实际中常用相对偏差来衡量测定结果间精密度的大小：

$$相对偏差 = \frac{绝对偏差}{平均值} \times 100\% = \frac{x_i - \bar{x}}{\bar{x}} \times 100\% = \frac{x_i - \frac{1}{n} \times \sum_{i=1}^{n} x_i}{\frac{1}{n} \times \sum_{i=1}^{n} x_i} \times 100\%$$

$$\tag{2-2}$$

再现性指的是不同的分析者或不同实验室的实验员在各不相同的实验条件下用相同方法所得数据的精密度。

重复性是指同一分析者在同一操作条件下所得的一系列数据的精密度。

3.常用数理统计量

对于含 n 个参数的样本集 $\{x_1, x_2, \cdots, x_i, \cdots, x_n\}$，常用下述几个数理统计量来描述其性质。

（1）均值 $\bar{x}$

均值用以表征一组数据的平均水平：

$$\bar{x} = \frac{x_1 + x_2 + \cdots + x_i + \cdots + x_n}{n} = \frac{\sum_{i=1}^{n} x_i}{n} \tag{2-3}$$

（2）标准偏差（标准差）S

标准偏差是数据偏离均值程度的体现，用于衡量样本数据的离散程度：

$$S = \sqrt{\frac{\sum_{i=1}^{n}(x_i - \bar{x})^2}{n-1}} = \sqrt{\frac{\sum_{i=1}^{n} x_i^2}{n-1} - \frac{\left(\sum_{i=1}^{n} x_i\right)^2}{n \times (n-1)}} \tag{2-4}$$

（3）标准方差 S^2

标准方差即为标准偏差的平方，也用于表征样本数据的离散程度：

$$S^2 = \frac{\sum_{i=1}^{n}(x_i - \bar{x})^2}{n-1} = \frac{\sum_{i=1}^{n} x_i^2}{n-1} - \frac{\left(\sum_{i=1}^{n} x_i\right)^2}{n \times (n-1)} \tag{2-5}$$

（4）误差的分布

在数学上，常用正态分布（即高斯分布）来描述样本数据的分布情况：

$$y = \frac{1}{\sigma\sqrt{2\pi}} e^{-\frac{(x-\mu)^2}{2\sigma^2}} \tag{2-6}$$

其中，$\mu \cong \bar{x}, \sigma \cong S$。

正态分布也称为高斯分布，具有广泛的应用。它是一个对称性分布，其图像如图2.1所示，其中 $2\sqrt{2\ln 2}\,\sigma \approx 2.3548\sigma$ 为半峰宽，即分布图中峰高一半处的宽度。

对于样本集，总体均值（真值）用有限次测定的均值估计，总体标准偏差用有限次测定的标准偏差估计。

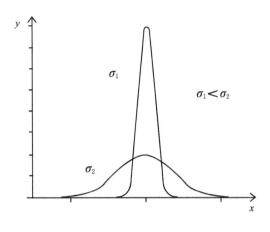

图2.1　正态分布

（5）有效位数

在数学上，有效位数即从数字的最高非零位向最低位计数而得到的位数。如 1.23 的有效位数为 3，1.230 的有效位数为 4。

在物理和化学领域中，有效位数代表了测量结果的精确度，它有着明确的物理或化学意义。有效位数越大，测量结果越精确，测量过程中的随机误差和系统误差越小。

有效位数的选取依赖于所选用测量仪器自身的精密程度，而在具体计算时，一般情况下，计算值可以比实验值多保留一位有效位数，也可以用下标表示不准确位。例如，可以用 0.028mL 来表示滴定实验中消耗滴定液体积的标准偏差，也可用 0.02_8mL 来表示。

2.1.2　误差传播公式

在实际数据分析过程中，研究者需要判断在计算过程中引入的误差大小。通过误差传播公式，可以分析计算过程的误差与所用直接测定量的误差之间的关系，并计算最后结果的误差。

若计算结果 y 依赖于 n 个测量值 x，并通过 f 函数计算而得，即有：

$$y = f\left(x_1, x_2, \cdots, x_i, \cdots, x_n\right)$$

则
$$S_y = \sqrt{\sum_{i=1}^{n}\left[\left(\frac{\mathrm{d}y}{\mathrm{d}x_i}\right)^2 \cdot S_{x_i}^{\ 2}\right]} \tag{2-7}$$

其中，$\dfrac{\mathrm{d}y}{\mathrm{d}x_i}$ 为 x_i 的误差传播系数。

若最后结果为各直接测定量 $\{x_1, x_2, \cdots, x_i, \cdots, x_n\}$ 的线性组合，即：

$$y = k + k_1 x_1 + k_2 x_2 + \cdots + k_i x_i + \cdots + k_n x_n$$

式中，$k, k_1, \cdots, k_n$ 为常数，则最后结果的标准偏差为各直接测量值方差和的平方根，即：

$$S_y = \sqrt{\left(k_1 S_{x_1}\right)^2 + \left(k_2 S_{x_2}\right)^2 + \cdots} \tag{2-8}$$

例2-1　在滴定实验中，移液管的初值和终值分别为3.51mL和15.67mL，其标准偏差均为0.02mL，则：

消耗的滴定液体积 $= 15.67 - 3.51 = 12.16(\text{mL})$

标准偏差 $= \sqrt{(0.02)^2 + (0.02)^2} = 0.028(\text{mL})$

若最后结果 y 的表达式为乘除表达式：

$$y = \frac{kab}{cd}$$

其中，a, b, c, d 为测定量，k 为常数，则最后结果 y 的标准偏差为：

$$\frac{S_y}{y} = \sqrt{\left(\frac{S_a}{a}\right)^2 + \left(\frac{S_b}{b}\right)^2 + \left(\frac{S_c}{c}\right)^2 + \left(\frac{S_d}{d}\right)^2} \tag{2-9}$$

例2-2　荧光量子产率计算公式为：

$$\Phi = \frac{I_f}{kcLI_0 e}$$

式中各参数的含义及其相对标准偏差值如表2.1所示。

表2.1　各参数含义及其相对标准偏差值

参数	I_f	k	c	L	I_0	e
含义	荧光强度	仪器常数	浓度	液槽长度	入射光强度	摩尔吸收率
$S/\%$	2	—	0.2	0.2	0.5	1

则 Φ 的相对标准偏差为：

$$S_\Phi = \sqrt{2^2 + 0.2^2 + 0.2^2 + 0.5^2 + 1^2} = 2.3(\%)$$

从例2-2的计算中可以看到，最终结果的相对标准偏差略大于各分量中具有最大相对标准偏差的那个分量。因此，若要提高测试的精度，首先应该设法改善具有最大相对标准偏差的测量分量的测试精度。这个结论对于设计实验、减小实验误差具有指导意义。

2.1.3　显著性检验

在抽样实验中，抽样误差的产生是无法避免的。因此，在对测试结果进行分析的时候，不能仅凭实验数据的均值及标准偏差来分析数据来做出结论，而应通过统计学方法对样本数据进行分析，以确定实验结果之间的差异是由偶然误差导致的，还是特定实验条件差异造成的必然结果，即对实验结果进行显著性检验。

常用的显著性检验方法包括 t 检验、F 检验以及 χ^2 检验，它们的区别在于检验的统计量的不同。因本书篇幅有限，显著性检验部分不再详述，请参考相关数理统计教材（见章后参考书目）。

2.1.4　计算误差及处理

在计算机处理数据的过程中，不可避免地会引入误差。误差的来源包括舍入误差、算法误差和人为误差三种。

1. 舍入误差

先看下面这个例子。

例 2-3　求方程的解：$x^2 + (-10^t - 1)x + 10^t = 0$。

解：

对二次方程，我们可以利用求根公式求得方程的解：

$$x_{1,2} = \frac{-b \pm \sqrt{b^2 - 4ac}}{2a}$$

当 $t = 17$ 时，代入具体数值有：

$$x_1 = 10^{17},\ x_2 = 1$$

然而，通过计算机解得的解却是：

$$x_1 = 10^{17},\ x_2 = 0$$

二维码 2.1

运行结果：

```
please Enter the t values:17
Quadratic equation's Solution set is: 1000000000000000000.0000 , 0.0000
```

这里 $x_2=0$ 显然是错误的结果，为什么计算机计算时会出现这样的错误呢？

计算机因储存时的字长限制，只能按有限位舍入。例如 C 语言中的 float 数（单精度）仅能保证 7 位有效数字，之后的数字是无意义、不准确的，并不能准确表示该数。所以若输入过大或过小的数字，计算机在存储时就会产生舍入误差。

为减少舍入误差，在计算机编程计算过程中应当尽量避免下列易引起舍入误差的操作。

（1）大数和小数相加减导致大数吃掉小数

例 2-4　C 语言中用 float 存储变量，计算 9876543210 与 50 的差值（程序见二维码 2.2）。

二维码 2.2

运行结果：

```
please Enter the a values:9876543210
please Enter the b values:50
a - b = 9876543488.000000
```

（2）避免两个相近的数相减

例 2-5　C 语言中用 float 存储变量，计算 9876543210 与 9876543200 的差值（程序见二维码 2.2）。

运行结果：

```
please Enter the a values:9876543210
please Enter the b values:9876543200
a - b = 0.000000
```

（3）用一个非常大的数做乘数或除数，易出现上、下溢出

例 2-6　C 语言中用 float 存储变量，计算 2 与 9876543210 的商（程序见二维码 2.3）。

二维码 2.3

运行结果：

```
please Enter the a values:2
please Enter the b values:9876543210
a ／ b = 0.000000
```

（4）用较小的不准确数做除数会放大误差

例 2-7 C 语言中用 float 存储变量，计算 123 与 10^{-13} 的商（程序见二维码 2.3）。

运行结果：

```
please Enter the a values:123
please Enter the b values:0.0000000000001
a ／ b = 1229999981985792.000000
```

（5）将计算值和某一指定值做相等比较

例 2-8 用 C 语言判断 9876543210 与 9876543000 是否相等（程序见二维码 2.4）。

二维码 2.4

运行结果：

```
please Enter the a values:9876543210
please Enter the b values:9876543000
a = b
```

编写程序时，正确的比较非整型变量 a 和 b 的方法是写成 "if （fabs（a−b）＜epsilon）"，其中 epsilon 是一个预设定的很小的允许误差值，例如 10^{-9}，若该式成

立，则判定为a与b相等。（注：fabs（）为C语言中取绝对值函数）

除此之外，简化计算步骤，减少运算次数可以起到减少舍入误差的效果。

例如针对例2-3：$x^2 + (-10^t - 1)x + 10^t = 0$，当$t = 17$时，可以通过先计算较大的解，再根据韦达定理$\left(x_1 \cdot x_2 = \dfrac{c}{a}\right)$计算较小解的方式规避其中的舍入误差。（程序见二维码2.5）

二维码2.5

运行结果：

```
please Enter the t values:17
Quadratic equation's Solution set is: 1000000000000000000.0000 , 1.0000
```

2. 算法误差

算法误差主要指算法的不稳定性和由算法而产生的截断误差。

某些运算方式不断放大相关的舍入误差，则称该算法为不稳定算法。

在实际运算时，因为计算机只能完成有限项或有限步的运算，所以，计算机会将无穷项运算进行简化，对无穷过程进行截断以求得近似解。例如，函数展开为Taylor级数时取前几项后舍掉余项，造成原始问题精确解和简化问题近似解之间的差即为截断误差。

算法误差属于系统误差的一种，在计算中往往可以通过迭代逼近的方法来纠正或校正（参看本章2.4和2.6节）。

3. 人为误差

人为误差即计算过程中的人为错误所引起的误差，比如把加号写成了减号等。严格来说，人为误差是"错误"而非"误差"。在计算中应养成对数据反复检查的习惯，以严格避免人为误差。

2.2 回归（拟合）与插值

2.2.1 概 述

在日常科学研究或生产实践过程中，我们经常需要研究某些变量之间的相互关系。变量之间的关系通常可以分为两类：一是相互间确定的函数关系，二是变量之间的相关关系。

函数关系，指的是变量之间的关系可以用确定的函数关系式 $y = f(x)$ 来表达。如理想气体的状态方程可表达为 $pV = nRT$ 的确定的函数关系，若理想气体压强 p、体积 V、温度 T 三者中任意两者的值是确定的，则可根据上述函数关系式得到确定的第三个变量的数值。

相关关系，指变量的相互变化趋势存在依存关系，但因变化的不确定性，不能用统一的函数关系式进行确定的表达。例如，我们知道高分子的玻璃化温度 T_g 随支链数 $\tilde{N}$ 增大而降低，但我们并不能就 T_g 和支链数 $\tilde{N}$ 的关系得出确定的函数关系式，则两者之间的这种关系即称为相关关系。

对于存在相关联系的变量，为确定两者之间的函数关系，研究者需要通过查阅文献手册或通过实验得到多组数据，并分析它们之间的关系。通过文献手册或实验得到的数据往往是一组离散数据 (x_i, y_i)，将其绘制在坐标图上，就是一组离散点，称为**节点**。

在根据这些数据探求其反映的规律时，需要绘制曲线或构造函数 $y = f(x)$。若要求函数曲线总体上与各节点吻合，并不要求曲线严格经过各节点，称为回归（拟合）问题；若要求函数曲线严格通过各节点，即要求 $y_i = f(x_i)$，则称为**插值**问题。回归（拟合）问题将在本节中进行介绍，而插值问题则将在下一节中进行进一步讲述。

2.2.2　一元线性最小二乘法

1. 概　述

已知物理量 x 和 y 存在线性关系：$y = a + bx$，当 x 取值为 $\{x_1, x_2, \cdots, x_i, \cdots, x_n\}$ 时，y 为 $\{y_1, y_2, \cdots, y_i, \cdots, y_n\}$。这些节点 (x_i, y_i) 并不能准确地连成一条直线，即使 y 和 x 之间存在着理论上的线性关系，但因节点均来自实测数据，存在误差，所以实际上的节点间连线会偏离直线。因此，研究者需要寻找一条直线以令其尽可能靠近各节点 (x_i, y_i)，这条直线称为**回归线**，对应的方程则称为**回归方程**。

若要求回归线与样本数据点拟合效果最好，即要求回归线上的点 $\widehat{y_i}$ 与真实测量值 y_i 的"总体误差"尽可能小。如图 2.2 中 C 线与离散实验点最符合，比 A 线和 B 线更能体现实验点集的整体规律。

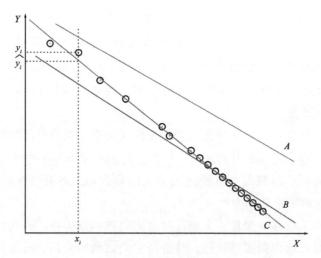

图2.2　一元线性回归线

判断回归方程与实验数据的符合程度最常用的标准是令残差平方和最小。残差是数据点与回归点之间的偏差。第 i 点的残差是 $x = x_i$ 时数据点 y_i 值与 $x = x_i$ 时按回归方程计算得到的 y 值（表示为 $\widehat{y_i}$，$\widehat{y_i} = a + bx_i$）之间的差，用 δ_i 表示，$\delta_i = y_i - \widehat{y_i} = y_i - (a + bx_i)$。**残差平方和 Q** 即对每个点的残差进行平方后相加求和：$Q = \sum_{i=1}^{n} \delta_i{}^2$。

然而，为何选用平方和而不是残差的简单相加呢？因为回归线上的点 $\widehat{y_i}$ 与真实测量值之间的差值可正可负，简单求和可能将很大的误差抵消掉，只有平方和才能真实反映回归值与实际测量值在总体上的接近程度。因"平方"过去曾被称为"二乘"，因此，按残差平方和最小原则求回归线的方法，称为**"最小二乘法"**。

当回归线是只有一个自变量和一个应变量的直线时，即称为**一元线性最小二乘法**。

2.算法及原理

已知一组实测数据 $\{(x_i, y_i) : i = 1, 2, \cdots, n\}$，用一元线性最小二乘法寻找函数模型 $\widehat{y_i} = a + bx_i$ 来拟合这组数据。换言之，即将残差平方和 Q 写作 a，b 的函数，并确定 a，b 的值以令 Q 最小。

$$Q = \sum_{i=1}^{n} \delta_i{}^2 = \sum_{i=1}^{n} \left(y_i - \widehat{y_i}\right)^2 = \sum_{i=1}^{n} \left[y_i - (a + bx_i)\right]^2 \tag{2-9}$$

由微积分的极值原理可知，当 Q 对 a，b 的一阶偏导数为零且二阶偏导数大于零时，Q 达到最小：

$$\begin{cases} \dfrac{\partial Q(a, b)}{\partial a} = 0 \\[2mm] \dfrac{\partial Q(a, b)}{\partial b} = 0 \\[2mm] \dfrac{\partial^2 Q(a, b)}{\partial a^2} > 0 \\[2mm] \dfrac{\partial^2 Q(a, b)}{\partial b^2} > 0 \end{cases} \tag{2-10}$$

易证明，二阶偏导数：

$$\begin{cases} \dfrac{\partial^2 Q(a, b)}{\partial a^2} = 2n > 0 \\[2mm] \dfrac{\partial^2 Q(a, b)}{\partial b^2} = 2\sum_{i=1}^{n} x_i^{\,2} > 0 \end{cases} \tag{2-11}$$

即 Q 对 a，b 的二阶偏导数恒大于 0。

对一阶偏导数，可推得用于估计 a，b 的方程组：

$$\begin{cases} \dfrac{\partial Q(a, b)}{\partial a} = \sum_{i=1}^{n} \left\{ -2\left[y_i - (a + bx_i) \right] \right\} = 0 \\[2mm] \dfrac{\partial Q(a, b)}{\partial b} = \sum_{i=1}^{n} \left\{ -2x_i\left[y_i - (a + bx_i) \right] \right\} = 0 \end{cases} \tag{2-12}$$

即

$$\begin{cases} \sum_{i=1}^{n} y_i = an + b\sum_{i=1}^{n} x_i \\[2mm] \sum_{i=1}^{n} y_i x_i = a\sum_{i=1}^{n} x_i + b\sum_{i=1}^{n} x_i^{\,2} \end{cases} \tag{2-13}$$

式（2-13）即为一元线性回归的**正规方程组**，可以解得：

$$\begin{cases} a = \dfrac{\sum\limits_{i=1}^{n} y_i - b\sum\limits_{i=1}^{n} x_i}{n} \\[4mm] b = \dfrac{n\sum\limits_{i=1}^{n} y_i x_i - \sum\limits_{i=1}^{n} x_i \sum\limits_{i=1}^{n} y_i}{n\sum\limits_{i=1}^{n} x_i^{\,2} - \left(\sum\limits_{i=1}^{n} x_i \right)^2} \end{cases} \tag{2-14}$$

定义平均值为：

$$\begin{cases} \bar{x} = \dfrac{1}{n}\sum_{i=1}^{n} x_i \\[2mm] \bar{y} = \dfrac{1}{n}\sum_{i=1}^{n} y_i \end{cases} \tag{2-15}$$

定义 x 的离差平方和为：

$$L_{xx} = \sum_{i=1}^{n} \left(x_i - \bar{x} \right)^2 = \sum_{i=1}^{n} x_i^2 - \frac{1}{n} \left(\sum_{i=1}^{n} x_i \right)^2 \qquad (2-16)$$

定义 x 和 y 的离差乘积为：

$$L_{xy} = \sum_{i=1}^{n} \left(y_i - \bar{y} \right) \left(x_i - \bar{x} \right) = \sum_{i=1}^{n} y_i x_i - \frac{1}{n} \sum_{i=1}^{n} x_i \sum_{i=1}^{n} y_i \qquad (2-17)$$

则原方程的参数估计量可以表示为：

$$\begin{cases} b = \dfrac{L_{xy}}{L_{xx}} \\ a = \bar{y} - b\bar{x} \end{cases} \qquad (2-18)$$

例 2-9　若已知铁的热焓（$\triangle H$）与温度（t）的数据如表 2.2 所示，试求其回归方程。

表 2.2　铁的热焓与温度的关系

$t/℃$	100	200	300	400	500	600
$\triangle H/(kJ \cdot mol^{-1})$	2.573	5.376	8.431	11.72	15.29	19.33

解：

依据式（2-15）至式（2-18），计算可得如表 2.3 所示结果。

表 2.3　线性回归结果

序号	x_i	y_i	$x_i - \bar{x}$	$(x_i - \bar{x})^2$	$y_i - \bar{y}$	$(y_i - \bar{y})(x_i - \bar{x})$
1	100	2.573	−250	62500	−7.8803	1970.08
2	200	5.376	−150	22500	−5.0773	761.60
3	300	8.431	−50	2500	−2.0223	101.12
4	400	11.72	50	2500	1.2667	63.33
5	500	15.29	150	22500	4.8367	725.50
6	600	19.33	250	62500	8.8767	2219.17
总计	2100	62.72		175000		5840.8

$$b = \frac{L_{xy}}{L_{xx}} = \frac{5840.8}{175000} = 0.0334 \qquad (2-19)$$

$$a = \bar{y} - b\bar{x} = \frac{62.72}{6} - \frac{2100}{6} \times 0.0334 = -1.2283 \qquad (2-20)$$

即　　　　　　　　$$\triangle H = -1.2283 + 0.0334t \qquad (2-21)$$

依据函数关系式（2-21），可得如图 2.3 所示线性回归线。

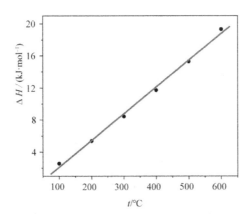

图 2.3 铁的热焓与温度的线性回归线

通过计算机编程，根据上述公式计算回归方程 $\Delta H = a + bT$ 的值更为方便（程序见二维码 2.6）。此外，MATLAB 自带根据最小二乘法拟合方程的函数 polyfit，可直接拟合得到所需参数（程序见二维码 2.7）。同样也可以直接在 Microsoft Excel 或者 Origin 软件中调用相应的函数来实现线性回归线的拟合。

二维码 2.6　　　　二维码 2.7

3. 拟合优度检验

由上文关于最小二乘法原理的叙述可知，线性最小二乘法本只适宜处理具有相关关系的变量 x 和 y 之间的问题，但其在实际应用中却并未限制两变量之间必须具备相关关系这一前提条件。换句话说，即使是一堆杂乱无章的数据点，也可以根据最小二乘法计算出一个线性回归方程。然而，这样的方程式是毫无意义的。因此，我们需要对最小二乘法的拟合结果进行评估。

为判断两变量间线性关系的优劣程度，我们引入**相关系数**这一概念，定义为：

$$R = \sqrt{\frac{S}{L_{yy}}} \tag{2-21}$$

其中，S 为**回归平方和**，定义式为：

$$S \equiv \sum_{i=0}^{n} \left(\widehat{y_i} - \overline{y} \right)^2 = \frac{L_{xy}^2}{L_{xx}} \tag{2-22}$$

则相关系数 R 的计算式亦可以表示为：

$$R = \sqrt{\frac{S}{L_{yy}}} = \frac{L_{xy}}{\sqrt{L_{xx} \cdot L_{yy}}} \qquad (2\text{-}23)$$

当相关系数R值不同时，数据点的分布与拟合直线的相关性会有很大的不同。

由图2.4可知：

(1) 当$|R| = 1$时（见图2.4（a）、（b）），所有数据点都在回归直线上，即x与y完全相关，两者存在确定的线性关系。

(2) 当$0 < |R| < 1$时（见图2.4（c）、（d）），说明x与y存在一定的线性关系。$|R|$越接近1，x与y的相关程度越大。若$R > 0$，则y与x呈正相关；若$R < 0$，则y与x呈负相关。实际中，为避免取绝对值的麻烦，常用R^2来表征x与y相关程度的优劣。

(3) 当$|R| = 0$时（见图2.4（e）），即回归直线平行于x轴，y与x完全无关，也就是说数据是完全混乱的，或服从某种完全不能用线性关系描述的其他规律。

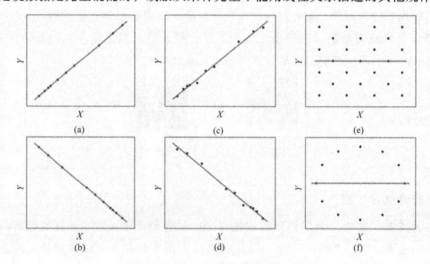

图2.4　相关系数与线性拟合结果关系

2.2.3　多元线性最小二乘法

在实际问题中，一个变量往往会受到多个变量的影响。例如，一个化学反应的化学反应速率不仅与反应物浓度相关，还受到反应温度、压强、催化剂等多方面因素的影响，表现在线性回归方程就是有多个解释变量。研究一个因变量与多个自变量的线性关系，即需要用到多元线性最小二乘法。

与一元线性最小二乘法相比，多元线性最小二乘法只是变量数目的增加，但在方法原理和结论上并没有本质的差异。

算法及原理：将一元线性回归中的测量数据x_i外推至$m \times 1$的列向量，即

$$x_{ik} \quad (k=1,2,\cdots,m)^{①}$$

即实际测量得到 n 组数据：

$$\left(y_i, x_{i1}, x_{i2}, \cdots, x_{im}\right) \quad (i=1,2,\cdots,n)$$

可得回归方程：

$$\widehat{y_i} = \widehat{\beta_0} + \widehat{\beta_1} x_{i1} + \widehat{\beta_2} x_{i2} + \cdots + \widehat{\beta_m} x_{im}$$

用矩阵表示：

$$\hat{Y} = X\hat{\beta} \tag{2-24}$$

$$Y = X\beta + \delta \tag{2-25}$$

其中：

$$Y = \begin{pmatrix} y_1 \\ y_2 \\ \vdots \\ y_n \end{pmatrix}_{n \times 1}, \quad X = \begin{pmatrix} 1 & x_{11} & x_{12} & \cdots & x_{1m} \\ 1 & x_{21} & x_{22} & \cdots & x_{2m} \\ \vdots & \vdots & \vdots & \ddots & \vdots \\ 1 & x_{n1} & x_{n2} & \cdots & x_{nm} \end{pmatrix}_{n \times (m+1)} \tag{2-26}$$

$$\beta = \begin{pmatrix} \beta_0 \\ \beta_1 \\ \beta_2 \\ \vdots \\ \beta_m \end{pmatrix}_{(m+1) \times 1}, \quad \delta = \begin{pmatrix} \delta_1 \\ \delta_2 \\ \vdots \\ \delta_n \end{pmatrix}_{n \times 1} \tag{2-27}$$

根据最小二乘原理，参数估计值应该使式（2-28）达到最小。根据微积分极值原理，即令 Q 关于待估参数 $\beta_k(k=0,1,2,\cdots,m)$ 的一阶偏导数为零且二阶偏导数大于零。

$$Q = \sum_{i=1}^{n} \delta_i^2 = \sum_{i=1}^{n} \left(y_i - \widehat{y_i}\right)^2 = \sum_{i=1}^{n} \left[y_i - \left(\widehat{\beta_0} + \widehat{\beta_1} x_{i1} + \widehat{\beta_2} x_{i2} + \cdots + \widehat{\beta_m} x_{im}\right)\right]^2$$

$$\tag{2-28}$$

对二阶偏导数：

$$\frac{\partial^2 Q}{\partial \widehat{\beta_0}^2} = 2n, \quad \frac{\partial^2 Q}{\partial \widehat{\beta_k}^2} = 2\sum_{i=1}^{n} x_{ik}^2 \tag{2-29}$$

即 Q 关于待估参数 $\beta_k(k=0,1,2,\cdots,m)$ 的二阶偏导数恒大于零。

令 Q 关于待估参数 $\beta_k(k=0,1,2,\cdots,m)$ 的一阶偏导数为零，可得待估参数估计值的正规方程组：

---

① 通常用粗斜体小写字母表示列向量 $\boldsymbol{x}_{ik}$，粗斜体大写字母 $\boldsymbol{X}_{ik}$ 表示矩阵，上标 T 表示矩阵或向量转置。

$$\begin{cases} \sum_{i=0}^{n}\left(\widehat{\beta_0}+\widehat{\beta_1}x_{i1}+\widehat{\beta_2}x_{i2}+\cdots+\widehat{\beta_m}x_{im}\right)=\sum_{i=0}^{n}y_i \\ \sum_{i=0}^{n}\left(\widehat{\beta_0}+\widehat{\beta_1}x_{i1}+\widehat{\beta_2}x_{i2}+\cdots+\widehat{\beta_m}x_{im}\right)x_{i1}=\sum_{i=0}^{n}y_ix_{i1} \\ \vdots \\ \sum_{i=0}^{n}\left(\widehat{\beta_0}+\widehat{\beta_1}x_{i1}+\widehat{\beta_2}x_{i2}+\cdots+\widehat{\beta_m}x_{im}\right)x_{im}=\sum_{i=0}^{n}y_ix_{im} \end{cases} \tag{2-30}$$

式（2-30）用矩阵可表示为：

$$\begin{pmatrix} n & \sum_{i=0}^{n}x_{i1} & \cdots & \sum_{i=0}^{n}x_{im} \\ \sum_{i=0}^{n}x_{i1} & \sum_{i=0}^{n}x_{i1}{}^2 & \cdots & \sum_{i=0}^{n}x_{i1}x_{im} \\ \vdots & \vdots & \ddots & \vdots \\ \sum_{i=0}^{n}x_{im} & \sum_{i=0}^{n}x_{im}x_{i1} & \cdots & \sum_{i=0}^{n}x_{im}{}^2 \end{pmatrix} \begin{pmatrix} \widehat{\beta_0} \\ \widehat{\beta_1} \\ \vdots \\ \widehat{\beta_m} \end{pmatrix} = \begin{pmatrix} 1 & 1 & \cdots & 1 \\ x_{11} & x_{21} & \cdots & x_{n1} \\ \vdots & \vdots & \ddots & \vdots \\ x_{1m} & x_{2m} & \cdots & x_{nm} \end{pmatrix} \begin{pmatrix} y_1 \\ y_2 \\ \vdots \\ y_n \end{pmatrix} \tag{2-31}$$

即
$$(\boldsymbol{X}^{\mathrm{T}}\boldsymbol{X})\hat{\beta}=\boldsymbol{X}^{\mathrm{T}}\boldsymbol{Y} \tag{2-32}$$

可以看出，$\boldsymbol{X}$ 矩阵满秩，故

$$\hat{\beta}=(\boldsymbol{X}^{\mathrm{T}}\boldsymbol{X})^{-1}\boldsymbol{X}^{\mathrm{T}}\boldsymbol{Y} \tag{2-33}$$

2.2.4　加权线性最小二乘法

在实际实验中，各种条件下所得测试结果的误差大小会有所差别。显然，我们希望所求的回归曲线更多地通过误差较小的点而非误差较大的点。因而，可以通过赋予不同数据点不同的权重，来达到上述目的。即，对误差较大的测试点赋予较小的权重，对误差较小的测试点赋予较大的权重，从而令所得回归曲线尽可能通过误差较小的点，以使回归结果与实际情况更为接近。

如上所述，对原模型进行加权，使之变成一个新的模型，然后采用普通最小二乘法估计其参数的方法即称为**加权最小二乘法**。其残差平方和修正为：

$$Q=\sum_{i=1}^{n}\omega_i\delta_i{}^2 \tag{2-34}$$

与前文所述的多元线性最小二乘法相比，加权最小二乘法只是对测试点赋予一定的权重，在方法原理和本质上与前者本无区别。因本书篇幅有限，在此不予详述。

2.2.5　非线性拟合

上面我们对测量的样本数据进行估计，都假设未知的函数模型为线性模型，拟合优度检验也是基于线性模型假设。然而在实际的实验过程中，各条件变量之间的

关系错综复杂，直接表现为线性关系的情况并不多见。例如，化学反应速率常数计算中常用的 Arrhenius 公式 $k = A\mathrm{e}^{-\frac{E}{RT}}$ 即是指数函数形式，高分子特性黏度计算中应用的 Mark-Houwink 方程 $[\eta] = KM^a$ 表现为幂函数形式等。

1. 可转化为线性拟合的情况

虽然上述方程为非线性方程，但它们又能通过一些简单的数学处理如变量置换、函数变换等，转化为线性函数进行拟合计算。以 Arrhenius 公式为例：

$$k = A\mathrm{e}^{-\frac{E}{RT}} \tag{2-35}$$

即

$$\ln k = \ln A - \frac{E}{RT} \tag{2-36}$$

令：

$$Y = \ln k, \ X = \frac{1}{T}, \ a = \ln A, \ b = -\frac{E}{R} \tag{2-37}$$

则原方程可转化为线性方程 $Y = a + bX$ 的形式。

2. 非线性最小二乘法

当然，并非所有的非线性函数形式都能够线性化，无法线性化的函数形式一般可表示为：

$$y = f(x_1, x_2, x_3, \cdots, x_n) + \delta \tag{2-38}$$

其中，$f(x_1, x_2, x_3, \cdots, x_n)$ 为非线性函数。例如，聚合物放射网络模型的弹性自由能表达式形如：

$$F = \frac{1}{2} NkT \left(\lambda^2 + \frac{2}{\lambda} - 3 \right) - \mu kT \ln \frac{V}{V_0} \tag{2-39}$$

需采用非线性方法估计其参数。

对非线性回归方程

$$y = f(x_1, x_2, x_3, \cdots, x_n, a_0, a_1, a_2, \cdots, a_m) \tag{2-40}$$

其残差为：

$$\delta_i = y_i - f(x_{i1}, x_{i2}, x_{i3}, \cdots, x_{in}, a_0, a_1, a_2, \cdots, a_m) \tag{2-41}$$

残差平方和为：

$$Q = \sum_{i=1}^{n} \delta_i^2 \tag{2-42}$$

通过求解

$$\frac{\partial Q}{\partial a_k} = 0 \ (k = 1, 2, \cdots, m) \tag{2-43}$$

可以得到参数 $(a_0, a_1, a_2, \cdots, a_m)$ 的估计值，从而确定非线性回归方程的具体形式。求解该类偏微分方程的方法，将在本章第 2.6 节介绍。

2.2.6 插 值

1.概 述

一般来说，如果一条曲线对应的方程内含有 m 个可调参数，则该曲线必定能严格经过 m 个节点，从而可以进行插值运算。

以简单幂函数为例，某条曲线对应的方程为：

$$y = b_0 + b_1 x + b_2 x^2 + \cdots + b_n x^n \tag{2-44}$$

因为该曲线对应的方程中含 $n+1$ 个可调参数 $b_i (i=0,1,2,\cdots,n)$，则该曲线必能严格经过 $n+1$ 个节点 $(x_0, y_0), (x_1, y_1), \cdots, (x_n, y_n)$。

若将这些节点代入式（2-44），可以得到 $n+1$ 个联立方程组：

$$\begin{cases} y_0 = b_0 + b_1 x_0 + b_2 x_0{}^2 + \cdots + b_n x_0{}^n \\ y_1 = b_0 + b_1 x_1 + b_2 x_1{}^2 + \cdots + b_n x_1{}^n \\ \vdots \\ y_n = b_0 + b_1 x_0 + b_2 x_n{}^2 + \cdots + b_n x_n{}^n \end{cases} \tag{2-45}$$

若求解上述联立方程组，可以得到 $b_i (i=0,1,2,\cdots,n)$ 的值，从而获得插值方程及其对应曲线。但显而易见，求解上述联立方程计算量大而且十分费力。

因此数学家们考虑，能否设计一个适当的函数，使其不仅含有 $n+1$ 个参数以确保其能严格通过 $n+1$ 个节点，并且用于进行插值计算时无须求出 $n+1$ 个参数 b 的具体数值？这样可以大大减轻插值计算的计算量，提高其应用价值。

2.拉格朗日一元全节点插值

对于一个 n 次幂函数，可以构造如下函数：

$$y = a_0 (x-x_1)(x-x_2)\cdots(x-x_n) + a_1 (x-x_0)(x-x_2)\cdots(x-x_n) +$$
$$a_2 (x-x_0)(x-x_1)\cdots(x-x_n) + \cdots + a_2 (x-x_0)(x-x_1)\cdots(x-x_n)$$
$$\tag{2-46}$$
$$= \sum_{i=0}^{n} \left[a_i \prod_{\substack{j=0 \\ (j \neq i)}}^{n} (x-x_j) \right]$$

对于式（2-46）来说，每一个求和项都是 x 与除了系数 a 序号相同 x 以外各相的乘积。若将各节点 $(x_i, y_i)(i=0,1,2,\cdots,n)$ 分别代入，其余含有因子 $(x-x_i)$ 的项都会归零，只剩下了第 i 项：

$$y_i = a_i (x_i - x_0)(x_i - x_1) \cdots (x_i - x_{i-1})(x_i - x_{i+1}) \cdots (x_i - x_n)$$

$$= a_i \prod_{\substack{j=0 \\ (j \neq i)}}^{n} (x_i - x_j) \tag{2-47}$$

则
$$a_i = \frac{y_i}{\displaystyle\prod_{\substack{j=0 \\ (j \neq i)}}^{n} (x_i - x_j)} \tag{2-48}$$

将 a 代入原函数，就可以得到拉格朗日一元全节点插值公式：

$$y = \sum_{i=0}^{n} \left[y_i \prod_{\substack{j=0 \\ (j \neq i)}}^{n} \frac{x - x_j}{x_i - x_j} \right] \tag{2-49}$$

由此，我们不必计算系数 a 的值就可以直接由 x 求出被插值点的函数值 y。

3. 拉格朗日一元部分节点插值

由拉格朗日一元全节点插值公式可以看出，随着测试数据量即节点数的增多，全节点插值的计算量会显著增大。而在一般情况下，远离被插值点的节点数据对插值的影响较小，可以忽略。因此，在实际过程中，通常不必使用全部节点而只需利用部分节点进行插值计算。利用部分节点插值，最简单的办法就是将节点的编号限制为被插值点附近的 N_1 至 N_2。

我们通过下面一个例子来比较选用不同节点数进行插值对结果的影响。

例 2-10 已知某实验数据如表 2.4 所示，用拉格朗日一元全节点与部分节点插值法求 $f(0.26)$ 和 $f(0.43)$。部分节点差值法计算时分别用靠近被插值点处 4、6、8 个数据做节点。

表 2.4 实验数据

x	$f(x)$	x	$f(x)$
0.0	0.5000	0.6	0.7257
0.1	0.5398	0.7	0.7580
0.2	0.5793	0.8	0.7881
0.3	0.6179	0.9	0.8159
0.4	0.6554	1.0	0.8413
0.5	0.6915	2.0	0.9772

解：

拉格朗日插值法相关代码见二维码2.8。全节点以及部分节点插值结果如表2.5所示。

表2.5   部分节点插值结果与相对偏差

	4节点	6节点	8节点	全节点
$f(0.26)$	0.60258080	0.60258394	0.60258298	0.60260495
相对偏差	$-0.040‰$	$-0.035‰$	$-0.037‰$	
$f(0.43)$	0.66639975	0.66640211	0.66640325	0.66640898
相对偏差	$-0.014‰$	$-0.010‰$	$-0.009‰$	

可以看到，部分节点插值的相对偏差小于万分之一。因此，在实际过程中，我们可以用拉格朗日一元部分节点插值来简化计算，减少计算量。此外，对于某些数据集，高次幂函数插值会引起曲线强烈振荡，一般拉格朗日插值的幂次数小于10。

二维码2.8

4.拉格朗日二元插值

若测量数据为 $(x_i, y_i, z_{ij})(i = n_1, n_1 + 1, \cdots, n_2, j = m_1, m_1 + 1, \cdots, m_2)$，以 x_i 和 y_i 为自变量，以 z_{ij} 为因变量，要求计算当被插值点变量分别为 x 和 y 时，相应被插值点因变量 z 的值。则可用类似拉格朗日一元插值的方法构造二元函数，并类似求解。

拉格朗日二元插值的基本思路在于，先固定 x 的值，利用一元插值求解 y 的值，而后固定所求 y 的值，利用一元插值求解 x 的值。

固定 $x = x_i$，求 y：

$$f(x_i, y) = \sum_{j=m_1}^{m_2} \left[z_{ij} \prod_{\substack{l=m_1 \\ (l \neq j)}}^{m_2} \frac{y - y_l}{y_j - y_l} \right] \tag{2-50}$$

固定 $y = y_j$，求 x：

$$f(x, y_j) = \sum_{i=n_1}^{n_2} \left[z_{ij} \prod_{\substack{k=n_1 \\ (k \neq i)}}^{n_2} \frac{x - x_k}{x_i - x_k} \right] \tag{2-51}$$

联立上述两式，可得拉格朗日二元插值公式：

$$z = f(x, y) = \sum_{i=n_1}^{n_2} \sum_{j=m_1}^{m_2} \left[z_{ij} \prod_{\substack{k=n_1 \\ (k \neq i)}}^{n_2} \frac{x - x_k}{x_i - x_k} \prod_{\substack{l=m_1 \\ (l \neq j)}}^{m_2} \frac{y - y_l}{y_j - y_l} \right] \tag{2-52}$$

例 2-11 已知不同温度 t 和浓度 c 下，KCl 溶液的电导率（单位：$S \cdot cm^{-1}$）数据如表 2.6 所示，用拉格朗日二元插值法求当 $t = 23°C$，$c = 0.05 mol \cdot L^{-1}$ 时 KCl 溶液的电导率值。

表 2.6 不同温度和浓度下 KCl 溶液的电导率

单位：$S \cdot cm^{-1}$

温度 t/°C	浓度 c/（$mol \cdot L^{-1}$）		
	0.01	0.02	0.03
15	0.001147	0.002243	0.01048
20	0.001278	0.002501	0.01167
25	0.001413	0.002765	0.01288
30	0.001552	0.003036	0.01412

解：

由上述计算方法和公式经二元插值计算可得：$z = 0.006448$。拉格朗日二元插值程序见二维码 2.9。

二维码 2.9

2.3 微分与积分

2.3.1 微 分

在高分子实验过程中，有很多问题需要通过微分处理加以解决。例如，测定聚合反应的反应速率 $R_p = -\dfrac{d[M]}{dt}$，需要根据实际测得的一系列离散的数据点 $(t_i, [M]_i)$ 来进行计算。因此，在无法获得准确函数的前提下，只能通过数值微分的方式来计算。

在数学微积分计算中，函数的导数是通过极限的概念来定义的：

$$f'(x_0) = \lim_{x \to x_0} \frac{f(x) - f(x_0)}{x - x_0} = \lim_{h \to 0} \frac{f(x_0 + h) - f(x_0)}{h} \tag{2-53}$$

在实际计算中，$f(x_0 + h)$ 和 $f(x_0)$ 通常是未知的。这时可以通过插值公式计算求得 $f(x_0 + h)$ 和 $f(x_0)$ 的值，并由此计算 $x = x_0$ 处的导数值。这里的 h 取值不能大，需要尽量满足极限 $h \to 0$ 的条件，但也不能太小，否则会引起很大的计算误差（参见"2.1.4　计算误差及处理"中关于避免用较小的不准确数做除数的内容）。

例 2-12　用膨胀计法测定苯乙烯的自由基聚合反应动力学，得到了 ΔV 与 t 的数据（见表2.7）。试求 $t = 35\text{min}$ 时的反应速率（以体积变化率表示）。

表2.7　自由基聚合反应动力学实验中的 ΔV 与 t 数据

t/min	8	16	24	32	40	48	56	64	72
ΔV/mL	0.00974	0.0194	0.0283	0.0380	0.0469	0.0547	0.0633	0.0716	0.0789

解：

利用拉格朗日一元四节点插值计算 $t = 35\text{min}$ 以及 $t = (35 + 0.01)\text{min}$ 时的体积变化量：

$$\Delta V|(t = 35) = 0.041447(\text{mL})$$

$$\Delta V|(t = 35 + 0.01) = 0.041459(\text{mL})$$

故 $t = 35\text{min}$ 时的反应速率为：

$$v = \frac{\mathrm{d}\Delta V}{\mathrm{d}t} = \frac{\Delta V|(t = 35 + 0.01) - \Delta V|(t = 35)}{0.01} = 1.2 \times 10^{-3} \ (\text{mL} \cdot \text{min}^{-1})$$

（程序见二维码2.10）

二维码2.10

2.3.2　积　分

1.已知函数的积分

在微积分的定义中，积分就是在微分曲线下的面积。准确地说，定积分就是在以下四条线之间的面积之和：$y = f(x)$，$y = 0$，$x = a$ 和 $x = b$。

若将 a 至 b 的区间分成若干小段，每小段的宽度称为**步长**，用 h 表示。自每个分点出发，做垂线与曲线 $f(x)$ 相交，则整个曲线下的面积被分割成若干块狭长的小面积（称为**元面积**）。将元面积加和，即可得整个定积分的值：

$$S = \int_a^b f(x)\mathrm{d}x = \lim_{h \to 0} \sum_{i=1}^n f(\xi_i) h \qquad (2\text{-}54)$$

其中，以 $f(\xi_i)h$ 近似代表每一个子区间上小曲边梯形的面积。

2.梯形法

最直观地，我们将每个曲边梯形当作直边梯形来求算元面积。

当步长 h 足够小的时候（即分段数 n 足够大），函数 $f(x)$ 被分割成许多足够短的线段。若将每个小线段粗略地视作一条直线，则可将元面积视为一个小的梯形的面积，如图2.5所示。

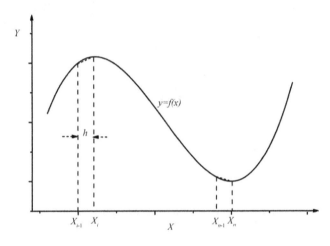

图2.5 梯形法积分

即对于定积分 $S = \int_a^b f(x)\mathrm{d}x$，有：

$$x_0 = a, \ x_n = b, \ h = \frac{b-a}{n}$$

则

$$S = \int_{x_0}^{x_n} f(x)\mathrm{d}x = \sum_{i=1}^n \frac{h}{2}\big[f(x_{i-1}) + f(x_i)\big] = h\left[\frac{f(x_0)+f(x_n)}{2} + \sum_{i=1}^{n-1} f(x_i)\right] \qquad (2\text{-}55)$$

例 2-13 试用梯形法计算 π 的值，并列举出分成 10，20，$\cdots$，100 段时的积分值。

$$\pi = 4\int_0^1 \frac{\mathrm{d}x}{1+x^2} \qquad (2\text{-}56)$$

解：

梯形法计算式（2-56）定积分的程序见二维码2.11，不同分段数时的积分结果列于表2.8中。

表2.8　梯形法求π值的相关数据

分段数	10	20	30	40	50
积分值	3.13992599	3.14117599	3.14140747	3.14148849	3.14152599
相对偏差	−0.531‰	−0.133‰	−0.0589‰	−0.0332‰	−0.0212‰
分段数	60	70	80	90	100
积分值	3.14154636	3.14155864	3.14156661	3.14157208	3.14157599
相对偏差	−0.0147‰	−0.0108‰	−0.00829‰	−0.00655‰	−0.00531‰

可以看出，梯形法计算圆周率的相对偏差小于1‰，且随着步长的减小，计算精度逐渐上升。

二维码2.11

3. 辛普森法

辛普森法不同于梯形法的地方在于，在每个小区间上采用二次曲线（$y=f(x)=c_i+d_i x+e_i x^2$）来近似表示被积函数的图形（见图2.6（a）），从而近似求出小区间的元面积。

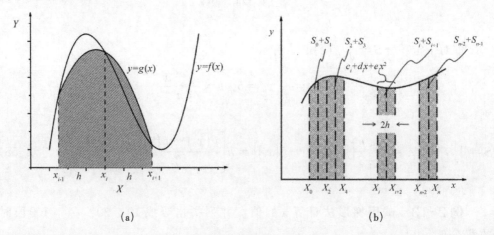

（a）　　　　　　　　　　　　　（b）

图2.6　辛普森法积分

需要说明的是，由于每个二次方程需要三个数据点来确定，所以定积分区间划分为偶数个小区间（n 为偶数），每两个小区间具有三组数据：(x_i, y_i)，(x_{i+1}, y_{i+1})，(x_{i+2}, y_{i+2})，可以确定函数 $y = f(x) = c_i + d_i x + e_i x^2$ 中三个系数 c_i, d_i, e_i 的值，如图 2.6（b）所示。

辛普森法的积分结果可表示为：

$$S = \int_{x_0}^{x_n} f(x)\mathrm{d}x = \frac{h}{3}\left\{ f(x_0) - f(x_n) + 2\sum_{j=1}^{n/2}\left[2f(x_{2j-1}) + f(x_{2j}) \right] \right\} \tag{2-57}$$

利用辛普森法计算例 2-13 的定积分的值，辛普森法计算定积分的程序见二维码 2.12。表 2.9 对比了梯形法和辛普森法求 π 值的分段数与计算结果精度，可以看到，辛普森法的计算结果偏差明显小于梯形法的计算结果，分 10 段时计算的圆周率已经准确到小数点后第 7 位（误差小于 10^{-7}），且随着步长的减小，辛普森法的计算精度逐渐提高。当然，在这个例子中，辛普森法具有明显优越性，也与原函数曲线是圆弧有关，二次曲线比直线更为符合。

表2.9　梯形法和辛普森法求π值的相关数据记录表分段数

分数段	10	20	30
辛普森法	3.141592613939215	3.141592652969786	3.141592653535360
相对偏差 $\times 10^7$	−0.1262	−0.001974	−0.0001732
梯形法相对偏差 $\times 10^3$	−0.5305	−0.1326	−0.05895
分段数	50	60	70
辛普森法	3.141592653580106	3.141592653587253	3.141592653588942
相对偏差 $\times 10^{11}$	−0.3084	−0.8084	−0.2710
梯形法相对偏差 $\times 10^3$	−0.03316	−0.02122	−0.01474
分段数	70	80	90
辛普森法	3.141592653589456	3.141592653589642	3.141592653589718
相对偏差 $\times 10^{11}$	−0.1073	−0.04806	−0.02389
梯形法相对偏差 $\times 10^3$	−0.01083	−0.008289	−0.006550

二维码 2.12

4.离散点下的求积

若实际工作中待求的往往不是一条曲线下的面积，而是一系列离散点下的面积，并且不知道被积函数的数学表达式，仅知道 x 取 a 与 b 之间的某些值时的 $f(x)$ 的值，即称为离散点下求积。

在离散点下求积时，我们可以使用插值的方法确定被积元面积中所使用的 $f(x_i)$ 的值，再根据梯形法或辛普森法求解积分值。

例 2-14　已知等压过程中使体系温度由 T_1 加热至 T_2 所需热量 Q_p 可按式（2-58）计算：

$$Q_p = \int_{T_1}^{T_2} C_p \mathrm{d}T \tag{2-58}$$

现在已知乙炔的等压热容 C_p 与温度 T 的数据如表 2.10 所示，求 1 mol 乙炔在等压下自 25℃ 加热至 750℃ 需要多少热量？

表 2.10　乙炔的等压热容与温度

$t/℃$	$C_p/(\mathrm{J \cdot K^{-1} \cdot mol^{-1}})$	$t/℃$	$C_p/(\mathrm{J \cdot K^{-1} \cdot mol^{-1}})$
0	42.92	600	65.11
25	44.80	700	67.16
100	49.45	800	69.04
200	53.93	900	70.76
300	57.49	1000	72.26
400	60.25	1127	73.81
500	62.84		

解：

将积分限划分为 100 段，利用拉格朗日一元四节点插值对 C_{pi} 进行求值，再用梯形法相加得最终结果为：

$$Q_p = 4.215 \times 10^4 \, \mathrm{J}$$

程序见二维码 2.13。

二维码 2.13

2.4　方程求根

在化学研究中，常常会遇到代数方程的求解问题。诸如著名的 van der Waals 方程 $\left(p + \dfrac{M^2}{\mu^2}\dfrac{a}{V^2}\right)\left(V - \dfrac{M}{\mu}b\right) = \dfrac{M}{\mu}RT$ 的计算，就涉及了复杂的代数方程的求解问题。但若方程 $f(x)$ 是一元高次的代数方程式，则人工计算求解就变得极为困难，只能够借助数值计算的方法求取方程的近似解。

在计算机辅助下利用数值方法求方程的根，往往可以分成两步进行：①求根的初值或存在范围；②根据根的初值或存在范围，进一步求根的精确解。本节将依照上述两个步骤予以展开，以帮助读者了解方程求根的数值解法的基本原理。

2.4.1　根的初值和存在范围

方程数值求解时首先需要确定根的大致值或者根存在的范围。有时可以根据方程的数学性质进行判断。

有些函数有自己特殊的定义域范围。如平方根函数要求根号内的值不能小于零，对数函数要求底数恒大于零，函数的分母不能为零等。因此，我们可以根据这些函数的数学性质来判断根的存在范围。

例 2-15　已知 $b > a > 0$，求以下方程实根的存在范围：

$$f(x) + \frac{\sqrt{x-a}+b}{\sqrt{b-x}} = 0$$

由于根号内的值应大于等于零，且分母不为零，故有：

$$a \leqslant x < b$$

在科学研究中，方程中的每个参数都有着独特的物理或化学意义。因此，我们有时可以根据其物理意义估计参数的取值范围。

例 2-16　若 x 代表系统中某化合物的摩尔分数，则有：

$$0 \leqslant x \leqslant 1$$

例2-17　若 x 代表只能逆时针转动的某一指针的偏转角度，则有：

$$0 \leqslant x \leqslant 2\pi \quad 或 \quad 0 \leqslant x \leqslant 360$$

若所求方程为 $f(x)=0$，则绘出函数图形，通过判断曲线与 x 轴的交点所处区间，也可得到根的存在范围，如图2.7（a）所示。

若所求方程为 $f_1(x)=f_2(x)$，则可以分别绘出 $f_1(x)$ 和 $f_2(x)$ 的函数图形，判断两条曲线交点对应的 x 轴上的点的位置，即可得到根的存在范围，如图2.7（b）所示。

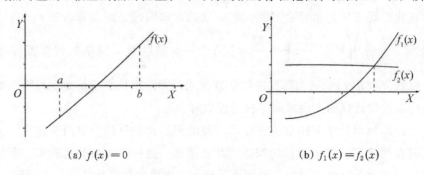

（a）$f(x)=0$　　　　　　　　　　　（b）$f_1(x)=f_2(x)$

图2.7　通过方程图像判断根的范围或大致初值

2.4.2　数值方法求根

1.二分法求方程的根

若已知方程 $f(x)=0$，在 $x=x_1$ 和 $x=x_2$ 之间连续、有且只有一个根，则有 $f(x_1)f(x_2)<0$（见图2.7（a））。

二分法求方程的根的原理简单，可靠性好，编程容易实现，但是效率比较低。利用二分法求方程的根，可在判断根的存在范围的前提下，先判断检验 $f(x_1)f(x_2)$ 是否小于零。若满足 $f(x_1)f(x_2)<0$ 的条件，则取中点 $x=\dfrac{1}{2}(x_1+x_2)$，检查 $f(x)$ 的正负与 $f(x_1)$，$f(x_2)$ 的关系。若 $f(x)f(x_2)<0$，则令 $x_1=x$（见图2.8（a）），反之，令 $x_2=x$（见图2.8（b））。由此，可以得到一个新的区间 (x_1',x_2')，且新区间的长度是原区间的一半。

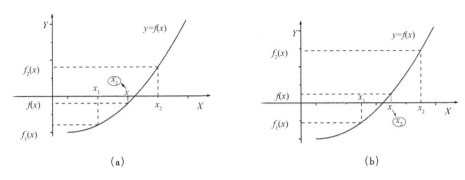

图 2.8　图解二分法求解方程的根

对压缩后的新区间，再进行上述二分计算。反复迭代直到精度满足预设要求，即区间 (x_1', x_2') 的长度小于预设的精度。这种将区间对半分以不断减小根的范围的方法即称为二分法，求根过程如图 2.8 所示。

例 2-18　已知溶液中 $Cu(NH_3)_4^{2+}$ 和 $NH_3 \cdot H_2O$ 的初始浓度都为 $0.1 mol \cdot L^{-1}$，$Cu(NH_3)_4^{2+}$ 的不稳定常数为 4.6×10^{-14}。试求溶液中 Cu^{2+} 的平衡浓度。

解：

$$\left[Cu(NH_3)_4\right]^{2+} + 4H_2O \rightleftharpoons Cu^{2+} + 4NH_3 \cdot H_2O$$

摩尔浓度	0.1	0	0.1
反应浓度	x	x	$4x$
剩余浓度	$0.1-x$	x	$0.1+4x$

$$K_d = \frac{c_{NH_3 \cdot H_2O}^4 \cdot c_{Cu^{2+}}}{c_{\left[Cu(NH_3)_4\right]^{2+}}} = \frac{(0.1+4x)^4 \cdot x}{0.1-x} = 4.6 \times 10^{-14}$$

利用二分法解上述方程的程序见二维码 2.14。可以解得：

$$x = 4.6 \times 10^{-11}$$

即溶液中 Cu^{2+} 的平衡浓度为 $4.6 \times 10^{-11} mol \cdot L^{-1}$。

二维码 2.14

2. 牛顿法求方程的根

牛顿法的基本原理在于，通过泰勒（Taylor）级数，将非线性方程转化为线性方程，再用迭代法求取近似解。

设方程 $f(x)=0$，则该方程在初值 x_0 附近的泰勒级数展开式为

$$f(x)=f(x_0)+(x-x_0)f'(x_0)+\frac{(x-x_0)^2}{2!}f''(x_0)+\cdots=0 \qquad (2\text{-}59)$$

忽略泰勒级数的高阶项可得：

$$f(x_0)+(x-x_0)f'(x_0)=0 \qquad (2\text{-}60)$$

即

$$x=x_0-\frac{f(x_0)}{f'(x_0)} \qquad (2\text{-}61)$$

以式（2-61）求出的 x 值代替 x_0，表示为 x_1。之后，重复上述步骤得：

$$x_{k+1}=x_k-\frac{f(x_k)}{f'(x_k)} \quad (k=0,1,2,\cdots) \qquad (2\text{-}62)$$

待达到足够精度（即满足 $|x_{k+1}-x_k|<\varepsilon$）后，即取 x_{k+1} 为方程的近似根。

牛顿法的几何意义如图 2.9 所示。

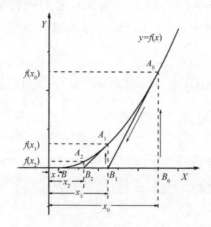

图 2.9 图解牛顿法求方程的根的过程

对曲线方程 $f(x)$，存在初始点 $B_0(x_0,0)$。由 B_0 点作垂线，交曲线于 $A_0(x_0,y_0)$，再过 A_0 点作切线与横坐标交于 $B_1(x_1,0)$。可以知道，切点 A_0 与横坐标交点 B_1 对应的切线方程为：

$$f(x_0)+(x_1-x_0)f'(x_0)=0 \qquad (2\text{-}63)$$

即 x_1 为方程新的近似解。

重复上述作切线过程，得到新的近似解 $x_k(k=0,1,2,\cdots)$。则近似解将逐步逼近方程根 B，由此可得方程的数值近似解。

对前述例 2-18，也可以用牛顿法求方程

$$K_{\mathrm{d}} = \frac{c_{\mathrm{NH_3 \cdot H_2O}}{}^4 \cdot c_{\mathrm{Cu^{2+}}}}{c_{\left[\mathrm{Cu(NH_3)_4}\right]^{2+}}} = \frac{(0.1 + 4x)^4 \cdot x}{0.1 - x} = 4.6 \times 10^{-14}$$

的数值解。

牛顿法求解上述方程的程序见二维码 2.15。可解得：

$$x = 4.6 \times 10^{-11}$$

二维码 2.15

与二分法相比，牛顿法具有收敛速度快的优点。然而，相较二分法的算法稳定性，牛顿法的收敛条件比较高，若初值选择不当，可能发生收敛失败的情况。

如图 2.10 所示，图（a）即表示了迭代后 x 值发散的情况，图（b）则显示了迭代结果发生震荡的情况。两种情况下都无法通过牛顿法求取方程的近似解，需要重设初值对方程进行求解。所以在编程中应该设置迭代的次数限制，当若干次迭代还不能收敛时，则可以退出计算循环，重设初值。

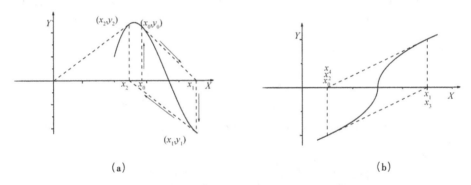

图 2.10　牛顿法初值设置不合适造成方程求解无法收敛的情况

2.5　线性方程组求解

2.5.1　简单消去法

在科研实验中，线性方程组的求解计算在物理化学、分析化学等领域有着广泛的应用。我们将通过下面的例子来简要讲解线性方程组的求解方法。

例2-19 试求解下列线性方程组。

$$\begin{cases} 2x_1 - 4x_2 - \ x_3 = -4 \\ 3x_1 + \ x_2 - 2x_3 = 9 \\ 5x_1 + 4x_2 - 6x_3 = 25 \end{cases}$$

先引入一些线性代数中的基本概念：一些数或变量排成的矩形阵列称为**矩阵**。占据矩阵中每个位置的量称为**矩阵的元素**。各横排的元素组成矩阵的各行，各竖排的元素组成矩阵的各列。有 m 行 n 列的矩阵称为 $m \times n$ **矩阵**。

系数矩阵就是由方程组的系数组成的矩阵。对于例2-19中的方程组，其系数矩阵为：

$$\begin{bmatrix} 2 & -4 & -1 \\ 3 & 1 & -2 \\ 5 & 4 & -6 \end{bmatrix}$$

增广矩阵是将线性方程组等号右边的值加在系数矩阵右侧面形成的矩阵。对应例2-19，其增广矩阵为：

$$\begin{bmatrix} 2 & -4 & -1 & -4 \\ 3 & 1 & -2 & 9 \\ 5 & 4 & -6 & 25 \end{bmatrix}$$

增广矩阵通过消元过程，可以求解方程组。用第2行元素 $a_{2j}^{(1)}$ 减去第1行元素 $a_{1j}^{(1)}$ 与 $a_{21}^{(1)}/a_{11}^{(1)}$ 的乘积，然后将所得结果作为矩阵的第2行元素 $a_{2j}^{(2)}$。之后，依上述方法处理第3行及之后的各行元素，可消去 x_1。对例2-19则有：

$$\begin{bmatrix} 2 & -4 & -1 & -4 \\ 3 & 1 & -2 & 9 \\ 5 & 4 & -6 & 25 \end{bmatrix} \Rightarrow \begin{bmatrix} 2 & -4 & -1 & -4 \\ 0 & 7 & -0.5 & 15 \\ 0 & 14 & -3.5 & 35 \end{bmatrix}$$

以第2行为对象消元 x_2，重复上述过程。此后，循环上述过程，直至消元至最后一个方程。

$$\begin{bmatrix} 2 & -4 & -1 & -4 \\ 0 & 7 & -0.5 & 15 \\ 0 & 14 & -3.5 & 35 \end{bmatrix} \Rightarrow \begin{bmatrix} 2 & -4 & -1 & -4 \\ 0 & 7 & -0.5 & 15 \\ 0 & 0 & -2.5 & 5 \end{bmatrix}$$

求解 x_n。通过矩阵的第 n 行即消元后的最后一个方程求解：

$$x_n = \frac{a_{n,n+1}^{(n)}}{a_{n,n}^{(n)}} \tag{2-64}$$

对例2-19中方程即有：

$$x_3 = \frac{a_{3,4}^{(3)}}{a_{3,3}^{(3)}} = \frac{5}{-2.5} = -2 \tag{2-65}$$

用求得的 x_n 代入矩阵的第 $n-1$ 行可求得 x_{n-1}：

$$x_{n-1} = \frac{a_{n-1,n+1}^{(n-1)} - a_{n-1,n}^{(n-1)} \cdot x_n}{a_{n-1,n-1}^{(n-1)}} \tag{2-66}$$

对例 2-19 中方程即有：

$$x_2 = \frac{a_{2,4}^2 - a_{2,3}^2 \cdot x_3}{a_{2,2}^2} = \frac{15 - (-0.5) \times (-2)}{7} = 2 \tag{2-67}$$

再重复上述过程，依次代入第 $n-2$ 行直至第 1 行，分别求出 $x_{n-2}, \cdots, x_1$。

故例 2-19 中 x_1 的值可解得：

$$\begin{aligned}
x_1 &= \frac{a_{1,4}^1 - a_{1,3}^1 \cdot x_3 - a_{1,2}^1 \cdot x_2}{a_{1,1}^1} \\
&= \frac{-4 - (-1) \times (-2) - (-4) \times 2}{2} = 1
\end{aligned} \tag{2-68}$$

计算机求解算法与此完全相同，读者易自行编写程序实现。

2.5.2　主元消去法

在利用计算机对 x_k 进行消元时，若 $a_{kk}^{(k)}$ 等于 0 或非常小的数，则会出现除数为零或上溢的计算错误。即使不发生上溢，也会因为除数过小而引入较大的误差。

例 2-20　用计算机求解线性方程组：

$$\begin{cases} 10^{-11} x_1 + x_2 = 1 \\ \quad\ \ x_1 + x_2 = 2 \end{cases}$$

解：

将其转化为矩阵，再利用计算机进行消元运算：

$$\begin{bmatrix} 10^{-11} & 1 & 1 \\ 1 & 1 & 2 \end{bmatrix} \Rightarrow \begin{bmatrix} 10^{-11} & 1 & 1 \\ 0 & -10^{-11} & -10^{-11} \end{bmatrix} \Rightarrow \begin{cases} x_1 = 0 \\ x_2 = 1 \end{cases}$$

可以看到计算结果出现了明显的错误。

这是因为，若计算机只保留 10 位有效数字，则 -99999999999 和 -99999999998 都会舍入变成 -10^{-11}，即发生第 2.1.4 节所提到的舍入误差，从而导致计算结果出现错误。

为解决上述问题，在消去 x_k 前，可先比较增广矩阵中相应于方程组系数的某些元素，找出其中的绝对值最大者（即称为**主元**），并通过行变换或列变换，将其换到 $a_{kk}^{(k)}$ 的位置上去。这样的消去法即称为**主元消去法**。

对例 2-20，调换两行位置，就不会发生上述的舍入误差了。

$$\begin{bmatrix} 1 & 1 & 2 \\ 10^{-11} & 1 & 1 \end{bmatrix} \Rightarrow \begin{bmatrix} 1 & 1 & 2 \\ 0 & 1 & 1 \end{bmatrix} \Rightarrow \begin{cases} x_1 = 1 \\ x_2 = 1 \end{cases}$$

在方程组的第一列中，选择绝对值最大的 a_{kk} 作为主元，若主元在第 l 个方程，则将该方程与第1个方程式位置互换，再进行消元工作。这样的过程即称为**列主元消去法**。

以例2-19的方程组为例进行变换：

$$\begin{bmatrix} 2 & -4 & -4 & -4 \\ 3 & 1 & -2 & 9 \\ 5 & 4 & -6 & 25 \end{bmatrix} \Rightarrow \begin{bmatrix} 5 & 4 & -6 & 25 \\ 3 & 1 & -2 & 9 \\ 2 & -4 & -1 & -4 \end{bmatrix}$$

类似地，在方程组的第一行（不包括常数项）中，选择绝对值最大的 a_{kk} 作为主元，后将主元所在列与第一列各对应元素互换位置，再进行消元工作。这样的过程即称为**行主元消去法**。

$$\begin{bmatrix} 2 & -4 & -1 & -4 \\ 3 & 1 & -2 & 9 \\ 5 & 4 & -6 & 25 \end{bmatrix} \Rightarrow \begin{bmatrix} -4 & 2 & -1 & -4 \\ 1 & 3 & -2 & 9 \\ 4 & 5 & -6 & 25 \end{bmatrix}$$

若同时采用行主元和列主元消去法选取主元，即称为**全主元消去法**。

$$\begin{bmatrix} 2 & -4 & -1 & -4 \\ 3 & 1 & -2 & 9 \\ 5 & 4 & -6 & 25 \end{bmatrix} \xrightarrow{\text{列变换}} \begin{bmatrix} -1 & -4 & 2 & -4 \\ -2 & 1 & 3 & 9 \\ -6 & 4 & 5 & 25 \end{bmatrix} \xrightarrow{\text{行变换}} \begin{bmatrix} -6 & 4 & 5 & 25 \\ -2 & 1 & 3 & 9 \\ -1 & -4 & 2 & -4 \end{bmatrix}$$

例2-21 设有一混合物由硝基苯、苯胺、氨基丙酮和乙醇组成。对此混合物进行元素分析的结果（以质量百分数表示）为：C 57.78%，H 7.92%，N 11.23%，O 23.09%。请确定上述四种化合物在混合物中所占的摩尔百分比。（已知原子量数据：C 12.01，H 1.008，N 14.01，O 16.00）。

解：

由题知，混合物中各物质的组成如表2.11所示。

表2.11 混合物中各物质的组成

化合物名称	硝基苯	苯胺	氨基丙酮	乙醇
分子式	$C_6H_5NO_2$	C_6H_7N	C_3H_7NO	C_2H_6O
分子量	123.11	93.126	73.096	46.068
假设含量值	x_1	x_2	x_3	x_4

总单位质量：$m = 123.11x_1 + 93.126x_2 + 73.096x_3 + 46.068x_4$

得到线性方程组：

$$\begin{cases} 6x_1 + 6x_2 + 3x_3 + 2x_4 = 0.5778 \times m/12.01 \\ 5x_1 + 7x_2 + 7x_3 + 6x_4 = 0.0792 \times m/1.008 \\ x_1 + x_2 + x_3 = 0.1123 \times m/14.01 \\ 2x_1 + x_3 + x_4 = 0.2309 \times m/16.00 \\ x_1 + x_2 + x_3 + x_4 = 1 \end{cases} \quad (2\text{-}69)$$

利用计算机解线性方程组的程序见二维码 2.16，可解得：

$$\begin{cases} x_1 = 0.2498 \\ x_2 = 0.1253 \\ x_3 = 0.2493 \\ x_4 = 0.3755 \end{cases} \tag{2-70}$$

即得到各物质的质量分数如表 2.12 所示。

表 2.12　混合物中各物质的质量分数

化合物名称	硝基苯	苯胺	氨基丙酮	乙醇
质量分数/%	24.98	12.53	24.93	37.55

二维码 2.16

2.6　常微分方程组求解

设在 XY 平面的某一指定区域内给定一个常微分方程 $\dfrac{\mathrm{d}y}{\mathrm{d}x} = f(x, y)$ 和初始条件 $y(x_0) = y_0$，要求此微分方程满足初始条件的解。

按照微分方程的定义，若某一函数式（2-71）满足微分方程式（2-72）：

$$y = F(x) \tag{2-71}$$

$$\frac{\mathrm{d}y}{\mathrm{d}x} = f(x, y) \tag{2-72}$$

即分别以 $F(x)$ 和 $\mathrm{d}F/\mathrm{d}x$ 代入 y 和 $\mathrm{d}y/\mathrm{d}x$，使微分方程成立，则可称 $y = F(x)$ 为微分方程的解。之后，再由初始条件可以限定微分方程解的常数项，由此得到该微分方程满足初始条件的解。

然而，很多微分方程不能或难以获得解析解。在这种情况下，可以借助数值分析的方法求解微分方程的数值近似解。

2.6.1　欧拉法解常微分方程组

1. 一阶常微分方程数值解

设待求解的微分方程为 $\dfrac{\mathrm{d}y}{\mathrm{d}x} = f(x, y)$，初始条件为 $y(x_0) = y_0$。如图 2.11 所示，A_0 表示初始条件对应的点 (x_0, y_0)，曲线 $A_0 A_1 A_2 A_3$ 为满足初始条件的特解曲线，h

为预先设定的一小段距离，称为**步长**。

由于初始条件(x_0, y_0)确定，则特解曲线在A_0处的斜率可以确定为：

$$\left(\frac{\mathrm{d}y}{\mathrm{d}x}\right)_{x_0, y_0} = f(x_0, y_0) \tag{2-73}$$

在图2.11上可表示为从A_0点出发引一条斜率为$f(x_0, y_0)$的直线，其与$x_0 + h$处的垂线B_1C_1相交于C_1。则，当h足够小的时候，可认为C_1点与特解曲线上的A_1点足够接近，即可将C_1点的纵坐标视作A_1点的纵坐标（也就是$x = x_0 + h$时的y值）的**一次近似值**，用y_1^*表示为式（2-74）：

$$y_1^* = y_0 + h \cdot \left(\frac{\mathrm{d}y}{\mathrm{d}x}\right)_{x_0, y_0} = y_0 + h \cdot f(x_0, y_0) \tag{2-74}$$

这样，求出y_1^*后可自C_1点(x_1, y_1^*)出发，用相同的步骤求$x = x_0 + 2h$处y的一次近似值C_2点。之后，重复上述步骤直至x达到终点，即可得所需的常微分方程在指定位置的数值近似解。图解过程如图2.11所示。

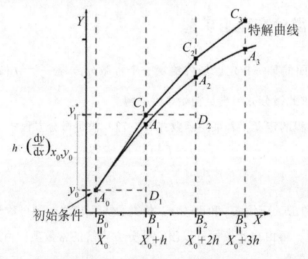

图2.11　欧拉法求解微分方程图解一

由图2.11也可以看出，一般情况下，由上述过程求出的一次近似值随x的增大会越来越偏离特解曲线，从而造成越来越大的误差。因此，欧拉法（Euler method）采用下述方法进行校正，如图2.12所示。

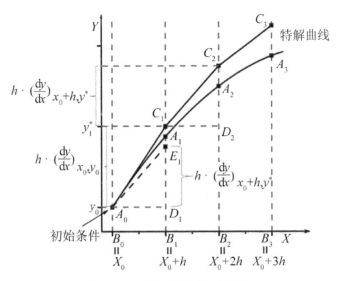

图 2.12　欧拉法求解微分方程图解二

自 A_0 点作平行于 C_1C_2 的直线，与 B_1C_1 相交于 E_1。由于 C_1 和 E_1 分别位于特解曲线两侧，于是用 C_1 和 E_1 的中点作为 A_1 点的近似点，由此求得的值称为 $x = x_0 + h$ 处的**二次近似点**，如式（2-75）所示。

$$
\begin{aligned}
y_1 &= \frac{1}{2} \big[y_0 + hf(x_0, y_0) + y_0 + hf(x_0 + h, y_1^*) \big] \\
&= y_0 + \frac{h}{2} \big[f(x_0, y_0) + f(x_0 + h, y_1^*) \big]
\end{aligned}
\tag{2-75}
$$

此即为欧拉法求解一阶常微分方程的迭代计算公式。

2. 一阶常微分方程组的数值解

上述求解常微分方程数值解的方法（即欧拉法）可直接推广应用于求解一阶微分方程组的数值解。

设微分方程组为：

$$
\begin{cases}
\dfrac{dy_1}{dx} = f_1(x, y_1, \cdots, y_i, \cdots, y_n) \\
\quad\vdots \\
\dfrac{dy_i}{dx} = f_i(x, y_1, \cdots, y_i, \cdots, y_n) \\
\quad\vdots \\
\dfrac{dy_n}{dx} = f_n(x, y_1, \cdots, y_i, \cdots, y_n)
\end{cases}
\tag{2-76}
$$

初始条件式为：

$$
\begin{cases}
y_1(x_0) = y_{10} \\
\vdots \\
y_i(x_0) = y_{i0} \\
\vdots \\
y_n(x_0) = y_{n0}
\end{cases} \tag{2-77}
$$

则可直接用式（2-78）进行求解：

$$
\begin{cases}
y_1 = y_{10} + \dfrac{h}{2}\left[f_1(x_0, y_{10}, \cdots, y_{n0}) + f_1(x_0 + h, y_1^*, \cdots, y_n^*)\right] \\
\vdots \\
y_i = y_{i0} + \dfrac{h}{2}\left[f_i(x_0, y_{10}, \cdots, y_{n0}) + f_i(x_0 + h, y_1^*, \cdots, y_n^*)\right] \\
\vdots \\
y_n = y_{n0} + \dfrac{h}{2}\left[f_n(x_0, y_{10}, \cdots, y_{n0}) + f_n(x_0 + h, y_1^*, \cdots, y_n^*)\right]
\end{cases} \tag{2-78}
$$

其中，y_i^* 是第 i 个应变量 y_i 的一次近似值：

$$
y_i^* = y_{i0} + h f_i(x_0, y_{10}, \cdots, y_{n0}) \tag{2-79}
$$

3.高阶常微分方程的数值解

设具有如下形式的高阶（k 阶）微分方程：

$$
\frac{\mathrm{d}^k y}{\mathrm{d}x^k} = f\left(x, y, \frac{\mathrm{d}y}{\mathrm{d}x}, \frac{\mathrm{d}^2 y}{\mathrm{d}x^2}, \cdots, \frac{\mathrm{d}^{k-1} y}{\mathrm{d}x^{k-1}}\right) \tag{2-80}
$$

其初始条件为：

$$
\begin{cases}
y(x_0) = y_0 \\
\left(\dfrac{\mathrm{d}y}{\mathrm{d}x}\right)_{x_0} = \left(\dfrac{\mathrm{d}y}{\mathrm{d}x}\right)_0 \\
\vdots \\
\left(\dfrac{\mathrm{d}^{k-1} y}{\mathrm{d}x^{k-1}}\right)_{x_0} = \left(\dfrac{\mathrm{d}^{k-1} y}{\mathrm{d}x^{k-1}}\right)_0
\end{cases} \tag{2-81}
$$

若令

$$\begin{cases} y_1 = y \\ y_2 = \dfrac{\mathrm{d}y}{\mathrm{d}x} \\ y_3 = \dfrac{\mathrm{d}^2 y}{\mathrm{d}x^2} \\ \vdots \\ y_k = \dfrac{\mathrm{d}^{k-1} y}{\mathrm{d}x^{k-1}} \end{cases} \qquad (2\text{-}82)$$

则可将高阶微分方程转化为一阶微分方程组：

$$\begin{cases} \dfrac{\mathrm{d}y}{\mathrm{d}x} = \dfrac{\mathrm{d}y_1}{\mathrm{d}x} = y_2 \\ \dfrac{\mathrm{d}^2 y}{\mathrm{d}x^2} = \dfrac{\mathrm{d}y_2}{\mathrm{d}x} = y_3 \\ \vdots \\ \dfrac{\mathrm{d}^k y}{\mathrm{d}x^k} = \dfrac{\mathrm{d}y_k}{\mathrm{d}x} = f(x, y_1, y_2, \cdots, y_k) \end{cases} \qquad (2\text{-}83)$$

该一阶方程组的初值条件为：

$$\begin{cases} y_1(x_0) = y_{10} \\ y_2(x_0) = y_{20} \\ \vdots \\ y_k(x_0) = y_{k0} \end{cases} \qquad (2\text{-}84)$$

这样，k 阶微分方程的求解问题即可用含有 k 个一阶微分方程的方程组的求解问题来代替。

4.高阶常微分方程组的数值解

对于高阶微分方程组，可用类似方法将其转化为多个一阶微分方程组再进行求解。

例如两个三阶微分方程组成的方程组，每个三阶微分方程可转化为三个一阶微分方程，则原方程组可转化为由六个一阶微分方程所组成的微分方程组然后再进行求解。

例 2-22　设物质 A、B、C、D、E 间存在以下反应：

$$\mathrm{A} \xrightarrow{k_1} \mathrm{B} \xrightarrow{k_2} \mathrm{C} \xrightarrow{k_3} \mathrm{D} \xrightarrow{k_4} \mathrm{E}$$

已知各步骤的反应速率常数：$k_1 = 0.01\mathrm{s}^{-1}$、$k_2 = 0.20\mathrm{s}^{-1}$、$k_3 = 0.10\mathrm{s}^{-1}$、$k_4 = 0.05\mathrm{s}^{-1}$。在反应开始时只有 A 存在，其浓度为 1mol/L。试求各物质在反应开始后

5s、10s、15s、20s、25s时的浓度。

解：

由上述条件可列出一阶微分方程组：

$$\begin{cases} \dfrac{dc_A}{dt} = -k_1 c_A \\[2mm] \dfrac{dc_B}{dt} = k_1 c_A - k_2 c_B \\[2mm] \dfrac{dc_C}{dt} = k_2 c_B - k_3 c_C \\[2mm] \dfrac{dc_D}{dt} = k_3 c_C - k_4 c_D \\[2mm] \dfrac{dc_E}{dt} = k_4 c_D \end{cases} \tag{2-85}$$

欧拉法求解一阶微分方程组的程序见二维码2.17。取 $h = 0.001$ 时可解得各物质的浓度值如表2.13所示。

表2.13　欧拉法解得各时间点各物质的浓度值

物质	A	B	C	D	E
5s浓度/（mol/L）	0.9512	0.03071	0.01520	2.690×10^{-3}	1.837×10^{-3}
10s浓度/（mol/L）	0.9048	0.04050	0.03833	0.01423	2.115×10^{-3}
15s浓度/（mol/L）	0.8607	0.04268	0.05633	0.03244	7.855×10^{-3}
20s浓度/（mol/L）	0.8187	0.04213	0.06762	0.05301	0.01853
25s浓度/（mol/L）	0.7788	0.0406	0.07356	0.07273	0.03429

二维码2.17

2.6.2　龙格-库塔法解微分方程组

龙格-库塔法（Runge-Kutta method）解微分方程组的基本思想与欧拉法相似，都是根据变量在 $x = x_0$ 处的值计算在 $x = x_0 + h$ 处的近似值（h 为预先设定的步长），并依次重复迭代的过程。

相对欧拉法，龙格-库塔法较准确也较常用。在此，我们不再推导过程，直接就龙格-库塔法求解微分方程组给出最后的结论。

设微分方程组和初始条件分别为：

$$\frac{\mathrm{d}y_i}{\mathrm{d}x} = f_i(x, y_1, \cdots, y_i, \cdots, y_n) \quad (i = 1, 2, \cdots, n) \tag{2-86}$$

$$y_i(x_0) = y_{i0} \tag{2-87}$$

按龙格-库塔法，在 $x = x_0 + h$ 处各应变量近似值 y_i^* 为：

$$y_i^* = y_{i0} + \frac{h}{6}(k_{i1} + 2k_{i2} + 2k_{i3} + k_{i4}) \tag{2-88}$$

其中：

$$\begin{cases} k_{i1} = f_i(x_0, y_{10}, y_{20}, \cdots, y_{n0}) \\ k_{i2} = f_i\left(x_0 + \dfrac{h}{2}, y_{10} + \dfrac{h}{2}k_{11}, y_{20} + \dfrac{h}{2}k_{21}, \cdots, y_{n0} + \dfrac{h}{2}k_{n1}\right) \\ k_{i3} = f_i\left(x_0 + \dfrac{h}{2}, y_{10} + \dfrac{h}{2}k_{12}, y_{20} + \dfrac{h}{2}k_{22}, \cdots, y_{n0} + \dfrac{h}{2}k_{n2}\right) \\ k_{i4} = f_i(x_0 + h, y_{10} + hk_{13}, y_{20} + hk_{23}, \cdots, y_{n0} + hk_{n3}) \end{cases} \tag{2-89}$$

参考文献

[2-1] 上海交通大学数学系.线性代数[M].北京:科学出版社,2021.

[2-2] 盛骤,谢式千,潘承毅.概率论与数理统计[M].北京:高等教育出版社,2020.

第3章 蒙特卡洛方法概述及其在高分子物理中的应用

3.1 蒙特卡洛方法基础

3.1.1 引 言

蒙特卡洛方法（Monte Carlo method）又称随机抽样法、随机模拟法、统计实验法。1777年，法国数学家de Buffon提出用投针实验的方法求圆周率，这即可以看作是蒙特卡洛方法的雏形。20世纪40年代，物理学家von Neumann、Metropolis、Ulan和Kahn等人对模拟中子扩散的随机算法进行了系统性的总结，并以赌城Monte Carlo之名给这种方法取了带有些许神秘色彩的名字，蒙特卡洛方法由此得名。

在此之后，随着计算机技术的发展，蒙特卡洛方法逐渐发展成一种独立的计算方法。除最初的统计力学领域之外，蒙特卡洛方法也在数学、物理、化学、生物学乃至金融工程、宏观经济学等众多领域得到了广泛的运用。

蒙特卡洛方法的基本思想，在于根据具体问题构建概率模型或随机过程，然后进行多次重复随机试验以得到统计上的结果，从而实现对具体问题的求解。相比于确定性问题的求解，蒙特卡洛方法更适合处理随机性问题。其一般有以下特征：

①蒙特卡洛方法基于统计学上的简单随机抽样原理，计算机实现较为简单。因此，其适应性较强，可应用于众多领域。

②蒙特卡洛方法可得到体系的所有信息，而且在计算机实现时可以任意控制体系的内部因素和外部条件。这些都是具体实验过程难以做到的。

③蒙特卡洛方法的精确度主要取决于试验的次数。虽然收敛速度慢，但只要有足够多的试验次数，蒙特卡洛方法的精确度是可以保证的。

在高分子科学研究方面，由于高分子链结构的特殊性，蒙特卡洛方法在高分子科学中一直起着极其重要的作用。

众所周知，高分子最显著的特征在于其较高的分子量，即一根高分子链中含有成百上千的重复单元。高分子链的分子量分布、序列分布、构象构型的变化统计问题，多官能团反应中的凝胶化、支化问题等，都是随机性问题在高分子科学中的具体体现。换言之，即使只研究单链高分子体系，其不确定性也是极为显著的。因此，若想通过理论解析得到结果，工作量将极为浩大，或者根本无法求解。然而，解决随机性问题，恰恰是蒙特卡洛方法的强项。与此同时，通过对随机过程的计算机模拟，科学家们还可以获得许多实验无法直接得到的数据，诸如聚合反应过程中分子量的变化历程、共聚反应过程中单体的选择性等等。因此，蒙特卡洛方法对高分子科学研究有着巨大的帮助。

3.1.2　随机数与伪随机数

蒙特卡洛方法是一种基于随机数处理确定性数学问题的方法，其最鲜明的特点也就是对随机数的运用。随机数的产生有两种方法：一种为物理方法，即通过掷骰子或者抛硬币的方法得到随机数列；另一种即我们在计算编程中常用的，通过某种确定的数学公式（如乘同余法）产生的随机数列。通过计算机编程产生的随机数，因其由公式导出而并非真正的随机过程，所以通常被称为**伪随机数**。这样应用于计算机计算的随机数通常具有诸如近似随机分布、相互独立、长周期、易于得到、计算省时以及节省存储空间等特点。

通常，多数编程软件均附带有随机数发生器，可利用其产生0到1之间均匀分布的随机数组。如图3.1所示，计算机中的伪随机数基本具有均匀随机分布的特点，因此可作为随机数发生器用于实际计算。

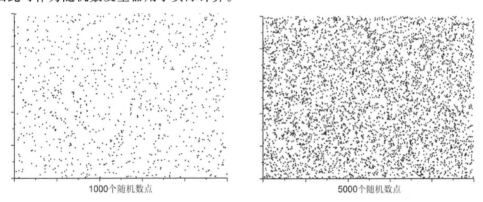

1000个随机数点　　　　　　　　5000个随机数点

图3.1　伪随机数点在[0,1)区间内均匀分布

此外，在高分子科学中，也常常使用满足正态分布的随机数列来进行蒙特卡洛模拟计算。如对等效自由连接链的模型构建，即需要用正态分布随机数来近似拟合其均方末端距的分布。

正态分布随机数的分布密度函数如式（3-1）所示：

$$f(x) = \frac{1}{\sqrt{2\pi}\,\sigma} \cdot \exp\left[-\frac{(x-a)^2}{2\sigma^2}\right] \tag{3-1}$$

图 3.2（a）为满足正态分布的 5000 个点在空间的分布情况。正态分布随机数分布以 $x=a$ 为对称中心。当 $a=0$ 时，其分布密度函数如图 3.2（b）所示，对其积分可得累计概率函数。

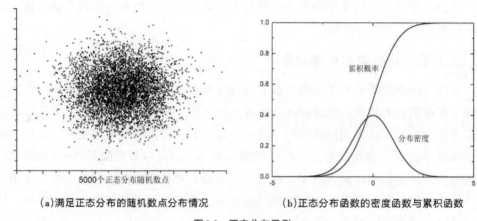

（a）满足正态分布的随机数点分布情况　　　　（b）正态分布函数的密度函数与累积函数

图 3.2　正态分布示例

3.1.3　随机事件的抽样

在具体计算中，我们必然会面对一系列具有不同发生概率的事件的随机抽样问题。因此，就需要构建一类离散型分布模型来对这类事件进行随机选取。

假设第 i 个独立随机事件发生的概率为 $p'(i)$，并且满足式（3-2）：

$$\sum p'(i) = 1, \, i \in [1, n] \tag{3-2}$$

为了对这些随机事件进行抽样，我们构造前 l 个随机事件的**累积概率**：

$$p(l) = \sum_{j=1}^{l} p'(j), \, j \in [1, l], l \in [1, n] \tag{3-3}$$

在此基础上，产生 0 到 1 之间的随机数 r。若满足 $p(l-1) \leqslant r < p(l)$，则认为会发生第 l 个随机事件。

例 3-1　利用蒙特卡洛方法计算抛若干次硬币得到正面朝上结果的概率。

解：

根据上文所述，我们假设事件 A_1 为硬币正面向上，事件 A_2 为硬币反面向上，$p(i=1) = p(i=2) = 0.5$，则累积概率为：$p(l=1) = 0.5$，$p(l=2) = 1$。

利用 MATLAB 中的 rand 函数产生随机数 r 作为每次抛硬币实验的结果：若

$0 \leqslant r < p(l=1) = 0.5$，则该次抛硬币结果为正面向上；若 $p(l=1) = 0.5 \leqslant r < p(l=2) = 1$，则该次抛硬币结果为反面向上。最后计算所有实验结果中得到正面向上的事件的概率即可。MATLAB程序见二维码3.1，当实验进行3000次时，其输出结果如图3.3所示。

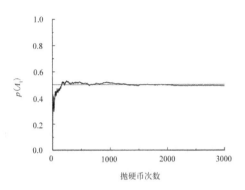

图3.3　3000次抛硬币实验的输出结果

二维码3.1

3.1.4　蒙特卡洛方法的一般实现步骤

利用蒙特卡洛方法解决实际问题，一般经由以下四步骤实现：

（1）对实际问题建立模型；

（2）设计算法与编程、执行基于大量随机数的数学计算；

（3）统计计算结果；

（4）对仿真结果进行评价。

接下来，我们就以一个实际的例子来说明利用蒙特卡洛方法解决实际问题的具体步骤。

例3-2　利用蒙特卡洛方法求函数

$$f(x) = e^{-x} \tag{3-4}$$

在[0,1]区间内的积分值。

解：

（1）对实际问题建模

据题意，求式（3-4）在$[0,1]$区间内的积分值，就是求图3.4中函数曲线同y轴、x轴和$x=1$围成的区域面积，即图3.4中的阴影部分面积。

可以看出，在1×1的区域内，若随机投一个点，则其落在阴影部分的概率为：

$$p=\frac{S_{阴影}}{S_{总}}=\frac{S_{阴影}}{1}=S_{阴影} \tag{3-5}$$

于是，我们可以将随机投在1×1的区域内的点落在阴影部分的概率，视作是阴影部分面积的近似值。由此，原来的定积分问题即可转化为较为简单的求随机点的分布概率的问题。当然，如果用本书第2.3节中的数值计算方法也很容易求解本题，读者可以自行编程实现，这里只是作为一个运用蒙特卡洛方法求解的例子。

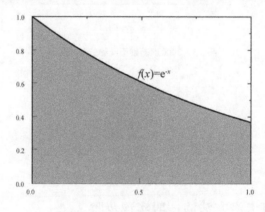

图3.4　式(3-4)的积分图像

（2）执行基于大量随机数的数学计算

由于每个随机点的位置由两个变量x值和y值所确定，因此，构建两个随机数$r_1\in[0,1)$，$r_2\in[0,1)$，分别代表该随机点的x值和y值。令$y_r=e^{-r_1}$，于是，通过比较r_2与y_r的值可以判断该随机点处于式（3-4）对应的曲线的上方还是下方：若$r_2\leqslant y_r$，即说明点(r_1,r_2)落在了阴影部分中，使计数器$V=V+1$。

（3）统计计算结果

重复上述第（2）步操作N次，统计落入阴影部分的随机点的数目，计算概率值V/N。本例中重复$N=1000$次随机投点，统计这1000次随机投点的结果如图3.5所示。程序见二维码3.2。

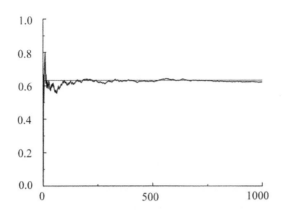

图 3.5　1000 次随机投点的统计结果（水平细直线为解析值）

二维码 3.2

所得概率即为函数式（3-4）在 $[0,1)$ 区间内积分值的近似解。

（4）评价模型

一般来说，蒙特卡洛模拟通过考察以下三方面问题来评价一个模型是否符合要求：

①模型是否切合实际问题？

②模型的计算结果是否具有可重复性？

③模型在一定时间内所得的计算结果，其精度能否满足预期？

只有这三个问题都能得到肯定回答，才能够判断该蒙特卡洛模拟结果可信。读者可根据上述三方面对例 3-2 所构建的蒙特卡洛模型进行考察。

3.1.5　蒙特卡洛方法的优缺点

通过例 3-2 我们可以看出，蒙特卡洛方法有其优越之处，亦在某些方面存在局限。在此，我们对蒙特卡洛方法的优缺点做了一个简单的总结以供参考，列于表 3.1 中。在本书接下来的章节特别是之后在对蒙特卡洛方法的实际运用中，读者将对其优缺点有着更深的体会。

表3.1　蒙特卡洛方法的优缺点

优　　点	局　　限
·特别适用于复杂问题的计算 ·算法和程序的结构较为简单 ·进行足够大的随机计算即能保证足够精确的结果 ·能够记录计算中的所有微观过程 ·分子运动本身是随机运动，即切合高分子反应及运动的实际情况	·计算量大，相对来说更消耗计算机的运算资源 ·没有统一的标准模型和结果，需按照具体问题分别建模

3.2　蒙特卡洛方法在高分子物理研究中的应用

高分子链的构象统计是高分子物理学中最基础的内容。然而，由于高分子链具有数百以至数万计的重复单元，其化学键内旋转、链内乃至链间相互作用等形成的构象数目几乎是无穷大的。图3.6是最简单的高分子链——聚乙烯链的示意图，它仅由 n 个碳碳单键相连而成。然而，在不考虑链内相互作用引起的键角变换的前提下，其构象由 $n-1$ 个内旋转角所决定。可以看出，在自由内旋转的情况下，想要依靠穷举之类的方法研究聚乙烯链的构象性质几乎是一个不可能完成的任务。在这种情况下，用擅长解决复杂随机问题的蒙特卡洛方法结合简化的各种高分子链模型来研究高分子链的构象性质，是一个明智的选择。

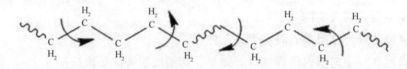

图3.6　聚乙烯链的链内单键旋转

3.2.1　蒙特卡洛方法在高分子物理研究中的一般算法

一般来说，利用蒙特卡洛方法解决模拟高分子链构象研究需要经过以下步骤。

（1）建立连接链模型。

（2）定义空间及相关参数。

（3）随机抽样确定重复单元位置，构建整链模型。

（4）测量与统计各物理量。

（5）重复上述步骤（3）和步骤（4），获得各物理量的多链统计平均结果。

（6）评估模型及结果。

我们以三维坐标来表示某一时刻高分子链的构象，如图 3.7 所示。

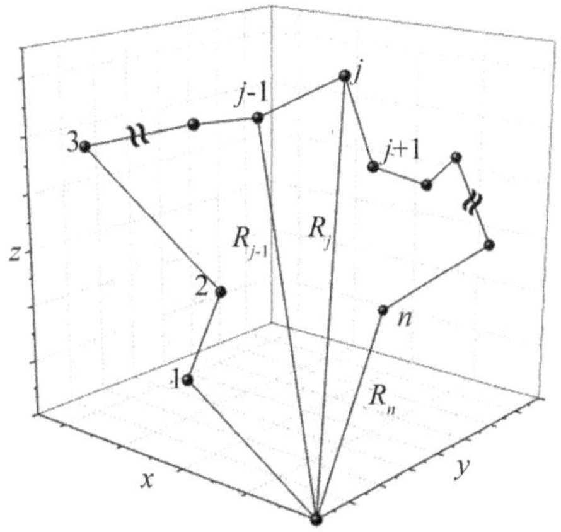

图 3.7 在定义空间中构建一条 Markov 链

设编号为 0 的链单元被固定在坐标轴原点，令第 j 个链单元的坐标向量为 $\boldsymbol{R}_j (j=1, 2, \cdots, n)$，$\{\boldsymbol{R}\}$ 是所有坐标向量集合，每个确定的向量集唯一对应于一个链构象。则该体系的能量 H（称为 Hamilton 量）可以表示为：

$$H(\{\boldsymbol{R}\}) = \sum_{j=1}^{n} u_j (\boldsymbol{R}_{j-1}, \boldsymbol{R}_j) + \omega(\{\boldsymbol{R}\}) \tag{3-6}$$

其中，u_j 表示第 j 个链单元和第 $j-1$ 个链单元通过化学键连接所产生的键接能；$\omega(\{\boldsymbol{R}\})$ 表示链单元所具有的除由化学键连接所产生的键接能之外的非键接能之和。

若以相邻重复单元之间的向量 r_j 来表示体系能量，即满足：

$$\boldsymbol{r}_j = \boldsymbol{R}_j - \boldsymbol{R}_{j-1} \tag{3-7}$$

则可将式（3-6）简化为：

$$H(\{\boldsymbol{r}\}) = \sum_{j=1}^{n} u_j (\boldsymbol{r}_j) + \omega(\{\boldsymbol{r}\}) \tag{3-8}$$

则任意物理量 $A(\{\boldsymbol{r}\})$ 满足：

$$\langle A(\{\boldsymbol{r}\}) \rangle \approx \overline{A(\{\boldsymbol{r}\})} = \frac{\sum\limits_{l=1}^{M} A(\{\boldsymbol{r}\}) \cdot \exp\left[-\dfrac{H(\{\boldsymbol{r}\}_l)}{kT}\right]}{\sum\limits_{l=1}^{M} \exp\left[-\dfrac{H(\{\boldsymbol{r}\}_l)}{kT}\right]} \tag{3-9}$$

其中，k为玻尔兹曼常数；T为体系绝对温度；$\exp\left[-\dfrac{H\left(\{r\}_l\right)}{kT}\right]$为玻尔兹曼因子，表示不同能量体系的出现概率；等式右侧是运用玻尔兹曼分布将物理量A对各抽样结果的能量H做统计平均得到的结果。这里，$\langle A(\{r\})\rangle$表示以向量集$\{r\}$为自变量的物理量A的系综平均值，$\overline{A(\{r\})}$是A的抽样平均值。这里，如果构象抽样数量为无穷，则两者可以相等，而实际计算量做不到无穷，所以只能以有限的大量抽样平均结果来作为数值解。这很容易理解，当增大抽样数量M时，可以提高抽样平均结果的精度，但是需要花费更大的计算时间（计算量）。

接下来，我们分别以无规行走模型和自避行走模型做示例，说明如何使用Monte Carlo方法来模拟聚合物单链构象。

3.2.2　无规行走模型

对于最简单的高分子链模型——**无规行走模型**（random walks model，也称为**自由连接链模型**，freely-joint chain model），其高分子链中各相邻单元之间的距离为一个固定值，且链中各单元都可自由旋转，即相邻键的夹角可以任意选择。这意味着，对一条无规行走链而言，非直接连接的链单元之间不存在相互作用，即其非键接能$\omega(\{r\})$为零。又由于所有构象中的所有相邻单元之间具有相同的能量，即所有的u_j都相同，则式（3-8）可简化为：

$$H(\{r\}) = \sum_{j=1}^{n} u_j(r_j) = n \cdot u_j(r_j) \tag{3-10}$$

不同构象的能量完全相同，玻尔兹曼因子可以消去，故式（3-9）可以简化为：

$$\langle A(\{r\})\rangle \approx \overline{A(\{r\})} = \frac{1}{M}\sum_{l=1}^{M} A\left(\{r\}_l\right) \tag{3-11}$$

具体说来，以计算无规行走链的均方末端距$\langle R^2\rangle$为例，须经过以下步骤。

（1）将链单元r_0的起始点置于原点，并令$j=1$。

（2）在一个半径为a的球面上随机选取一点作为链单元r_j的终点和r_{j+1}的起点。

（3）按式（3-12）计算并记录末端距向量R_j：

$$R_j = R_{j-1} + r_j \tag{3-12}$$

（4）令$j=j+1$，重复上述步骤（2）和步骤（3）直至$j=n$，完成一条链的抽样。

（5）重复上述步骤（1）到步骤（4），直至达到M次抽样得到M个链构象及其末端矩向量值，按式（3-13）计算该链的均方末端距$\langle R^2\rangle$：

$$\langle R^2 \rangle \approx \overline{R^2} = \frac{1}{M} \sum_{l=1}^{M} (R^2)_l \qquad (3\text{-}13)$$

例 3-3　已知具有 100 个连接键的高分子链，若键长为 1（即 $a = 1$），重复 $M = 10000$ 次抽样，计算该链的均方末端距 $\langle R^2 \rangle$ 与连接键数目 n 的关系。

解：

按上述算法编程（程序见二维码 3.3），计算结果如图 3.8 所示，图中用对数坐标表示，圆圈为蒙特卡洛模拟结果，拟合直线斜率为 1.00。作为结论，无规行走链的一个基本特征是均方末端矩与连接键数目呈线性关系，即满足式（3-14）：

$$\langle R^2 \rangle_{\text{RW}} \propto n \qquad (3\text{-}14)$$

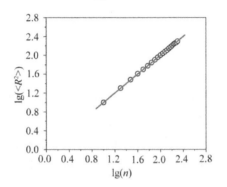

彩图效果

图 3.8　无规行走链的均方末端距与重复单元数目的关系

二维码 3.3

3.2.3　自避行走模型

对于一条实际的高分子链而言，其每个重复单元都占有一定的体积。若某个单元已经占据了空间中的某个位置后，后续抽样的其他单元便不能再占据相同的位置，即所谓的排除体积效应。为解决该问题，我们在无规行走链的基础上加上排除体积效应产生的非键接能，称之为**自避行走模型**（self-avoiding walks model，SAW模型）。可以理解，自避行走模型（SAW 模型）比无规行走模型（RW 模型）更加贴近实际高分子链的真实构象。

在自避行走链模型中，排除体积效应所导致的非键接能可以表示为：

$$\omega(\{R\}) = \frac{1}{2} \sum_{i \neq j, j \pm 1} \omega(|R_i - R_j|) \tag{3-15}$$

其中：

$$\omega(|R_i - R_j|) = \begin{cases} \varepsilon, & |R_i - R_j| \leqslant v_0 \\ 0, & |R_i - R_j| > v_0 \end{cases} \tag{3-16}$$

式（3-16）的物理意义在于，当两个非键接链单元之间的距离小于等于 v_0 时，两者存在相互作用，其非键接能 $\omega(|R_i - R_j|)$ 的大小为 ε；若两者距离大于 v_0，则不产生相互作用，即非键接能 $\omega(|R_i - R_j|)$ 等于 0。

当 $\varepsilon = +\infty$ 时，一旦存在距离小于等于 v_0 的一对非键接链单元，该链的能量 $H = +\infty$，则在式（3-9）中对应的 $\exp\left[-\dfrac{H(\{r\}_l)}{kT}\right]$ 项的值等于 0，也就是说这条链对物理量 A 没有贡献。我们称这样的自避行走模型为**硬球模型**，其含义是各重复单元设定为完全不可侵入的刚性球。

与之相对的，若 ε 是一个小于 $+\infty$ 的值（固定值或连续函数表达式），则该模型称为**软球模型**，各链节可以被其他重复单元侵入，但显然这会增加该链的整体势能 H，从而在统计玻尔兹曼平均时减小对物理量 A 的贡献。

对自避行走模型，在 $\varepsilon > 0$ 的情况下，其均方末端距符合式（3-17）的关系：

$$\langle R^2 \rangle_{\text{SAW}} \propto n^{2\nu} \tag{3-17}$$

其中，当 $n \to \infty$ 时，$\nu = 0.59$。

图 3.9 模拟了连接键数目从 10 至 400、键长为 1 的硬球模型（单元半径为 0.5）下的自避行走链，不同链长的分子链均方末端矩 $\langle R^2 \rangle$ 为重复 10000 次抽样得到的平均值（用圆圈表示），图中以对数坐标表示；用过原点的直线对所得数据进行线性回归处理，斜率为 1.2075，相关系数大于 0.9998，表明线性回归的效果良好。

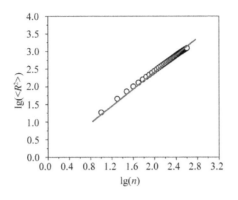

彩图效果

图3.9　自避行走链的均方末端距与连接键数目的关系

二维码3.4

3.2.4　利用基于密度泛函理论（DFT）的蒙特卡洛方法模拟聚芴在溶液中的单链构象

聚芴（聚-2,7-芴，poly-2,7-fluorene）的结构式如图3.10所示。因其具有大共轭分子结构、稳定高效的蓝色荧光受到了众多科学家的关注。

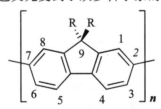

图3.10　聚-2,7-芴的结构（R=甲基、己基、辛基、2-乙基己基等）

实验发现，聚芴在溶液中的链构象与一般聚合物存在显著的不同，小分子量的短聚芴分子表现为刚性棒状构象，而高分子量的长链聚芴分子在溶液中则表现为柔性的无规线团构象。图3.11为实验测定的不同链长的聚（9,9-二正己基-2,7-芴）（PDHF）在良溶剂四氢呋喃（THF）中的流体力学体积 V_h 与分子量 M 的关系。图3.11插图中分别对分子量小于5000（即 $\lg M < 3.7$）和大于25000（即 $\lg M > 4.4$）的聚芴结果做线性回归，可以根据Mark-Houwink-Sakurada方程（见式（3-18））计算相应的 K 和 α 值。当聚芴分子量 $M < 5000$ 时，$K = 1.14 \times 10^{-4}$，$\alpha = 1.42$，PDHF

表现为刚性棒状链构象的性质；当聚芴分子量 $M > 25000$ 时，$K = 0.102$，$\alpha = 0.735$，PDHF 表现为柔性无规线团的性质。如何理解不同链长的聚芴分子在溶液中具有截然不同的链构象？

$$\lg V_h = (\alpha + 1)\lg M + \lg(0.40K) \tag{3-18}$$

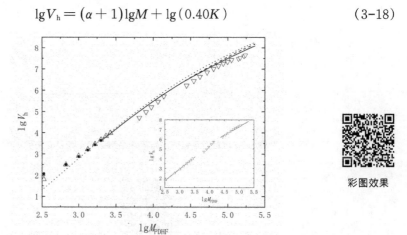

彩图效果

图3.11   PDHF的流体力学体积 V_h 与分子量 M 的关系

注：实验值（即 PDHF 的绝对分子量）由 MALDI-ToF（空心正三角形）和光散射（空心倒三角形）方法测定。插图中的直线为实验点用最小二乘法拟合得到的回归线。蒙特卡洛模拟结果包括 SRW 模型（实线）、SSAW 模型（破折线）、蠕虫链模型（点线）的解析计算结果（最右上角可见从上往下依次为点线、破折线和实线）。左下方基于密度泛函理论（DFT）得到的计算结果表示为实心圆点。

在本节中，我们利用蒙特卡洛方法来模拟聚芴在溶液中的构象，以展示 Monte Carlo 方法在高分子物理，特别是在高分子链构象研究中的重要作用。

我们首先用量子化学方法中的密度泛函理论（DFT）来研究芴二聚体的分子结构。量子化学计算部分内容将在本书第 4 章中详细介绍。

在一个芴单元内，两个苯环与 9-位碳原子（一共 13 个碳原子）由于化学键连接，都处于同一平面上，而由于单元间共轭电子效应以及 1,3- 与 6,8- 位上氢原子的空间位阻作用，造成相邻两个芴单元所处平面形成了一个夹角。在实验上，这个夹角可以通过 X 射线晶体衍射实验来测定，当取代基 R 基团为辛基和 2-乙基己基时，该二面角实验值在 34.4°～39.2° 之间。值得说明的是，该二面角依赖于 R 基团的种类和聚芴的聚合度，所以二面角实验值具有一个 5° 左右的变化范围。

我们以聚（9,9-二甲基-2,7-芴）（PDMF）的二元组为例，用 DFT 方法优化其真空中的构象，计算得到的二面角为 37.9°（见图 3.12（a））。当 R 基团为正己基时，DFT 计算出 PDHF 的单元间二面角数值介于 36.6°～38.6° 之间，可见利用 DFT 得到的方法计算结果与实验值吻合得很好。

由于对称性，PDMF 二元组在 $-180° \sim 180°$ 范围内存在四个稳定构象，其二面角值分别为 $\pm 37.9°$ 和 $\pm 143.1°$（见图 3.12（a））。当二面角处在 0° 和 90° 两个极端情况时，PDMF 二元组的能量比稳定构象高 $12 \sim 14 kJ/mol$，如图 3.12（b）所示。

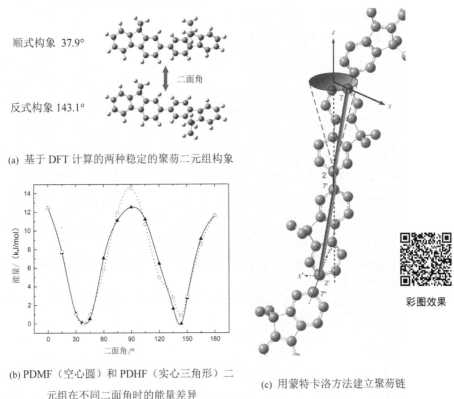

顺式构象 37.9°

反式构象 143.1°

二面角

（a）基于 DFT 计算的两种稳定的聚芴二元组构象

（b）PDMF（空心圆）和 PDHF（实心三角形）二元组在不同二面角时的能量差异

（c）用蒙特卡洛方法建立聚芴链

彩图效果

图 3.12 基于 DFT 和 Monte Carlo 方法建立模拟的高分子链模型

基于以上 DFT 计算结果，蒙特卡洛方法模拟 PDMF 在真空中的链构象，建立如图 3.12（c）所示模型。相邻的两个芴单元二面角采用 $\pm 37.9°$ 的顺式结构和 $\pm 143.1°$ 的反式结构，其他非稳态二面角构象出现的概率很小，可以忽略。

具体来说，聚芴的链模型按照如下方法构造：

（1）定义空间坐标及行走链的起始位置。将第一个芴单元的 2-位碳原子放在坐标系原点上。按照 DFT 计算结果确定聚芴单元中各参数，包括芴单元的几何形状，设定 $C2-C7$ 之间的键长为 L，确定两重复单元之间的选择性扭转角以及排除体积等（见下文）。

（2）根据上述定义，用蒙特卡洛方法逐个构建芴单元的空间位置，其流程如图 3.13 所示。具体来说，以 $C7'-C2$ 为空间 Z 轴，新增加的芴单元中 7-位碳原子只能处

于 XY 平面圆周上±37.9°和±143.1°四个位置中的随机一个。不考虑新单元与已有芴单元之间非键作用能——按照无规行走模型假设（见前述第3.2.2节），但是不同于无规行走模型中球面随机取点的算法，这里我们仔细考虑了芴单元内的刚性分子取向。由此，我们定义该模型为**选择性无规行走**（selective random walks，SRW）模型。除此以外，具体算法与第3.2.2节相同，不再赘述，详细的算法流程如图3.13所示。

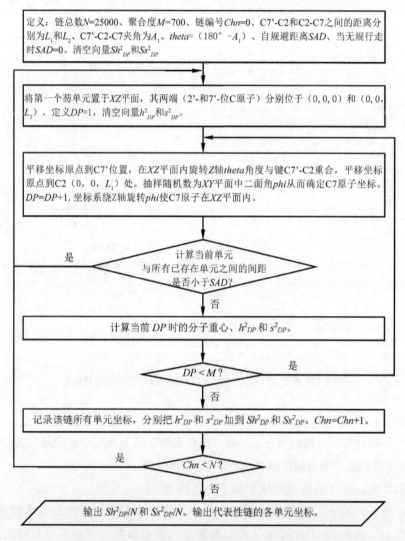

图3.13　蒙特卡洛方法构建聚芴的链构象及统计数据流程

蒙特卡洛模拟的计算结果包括均方末端距 $\langle h^2 \rangle$、均方回旋半径 $\langle s^2 \rangle$ 和流体力学体积 V_h。在 SRW 模型基础上，如果考虑芴单元之间的非键作用能，建立硬球模型，我们可以构建**选择性自避行走模型**（selective self-avoid walks model，SSAW 模型），具体方法详见第3.2.3节与本章参考文献[3-1]。

图3.11对比了基质辅助激光解析-飞行时间质谱（MALDI-ToF）和激光光散射（LS）的实验结果、SRW和SSAW两种模型的蒙特卡洛模拟结果，以及基于DFT分子结构数据的蠕虫链模型解析计算结果。从图3.11中可以看出，计算结果在全分子量区间内都与实验结果吻合较好，而且蒙特卡洛模拟结果优于蠕虫链模型的解析计算结果。

蒙特卡洛模拟结果基于大量重复抽样的宏观统计过程，微观上记录了所有高分子链中每个链节的具体空间位置，宏观上是一个系综的最概然统计结果。从模拟对象中平均值最接近蒙特卡洛统计结果的聚芴链中，我们随机选择了符合SRW模型和SSAW模型的各两条聚芴链，将其中各个重复单元的空间坐标连接起来，做成三维图（见图3.14）。蒙特卡洛模拟方法能够提供所有链节的细节信息，使我们可以深入分析模拟对象高分子聚芴链的局部刚性和全局柔性的形成原因。具体详细解释内容在此不做赘述，有兴趣的读者请参阅本章参考文献[3-1]。

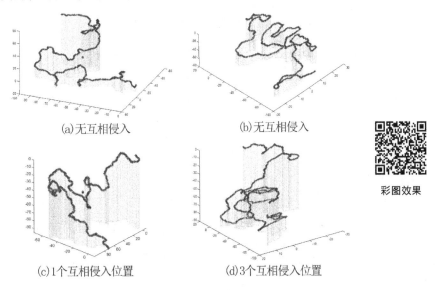

(a)无互相侵入   (b)无互相侵入

彩图效果

(c)1个互相侵入位置   (d)3个互相侵入位置

图3.14 典型的PDHF链的模型结构

注：图(a)和图(b)为SSAW模型，图(c)和图(d)为SRW模型（分别存在1个和3个互相侵入的重复单元位置）。每个芴单元表示为一个深蓝色点，每10个单元用一个紫红色点表示，湖蓝色虚线表示聚芴链向XY平面作投影，黑色点为整个聚芴链的重心，红色点表示存在重复单元互相侵入的位置。

3.2.5 Metropolis方法

无规行走链和自避行走链的链构象模拟结果的相对误差只与样本数M有关，而与链长n无关，因此只有增大样本容量才能获得精度更高的结果。简单抽样法蒙特卡洛模拟尽管有着模拟简便和误差分析相对容易的优点，但由于所生成的链构象样本是完全无规的，样本中含有大量的高能态构象，而这部分链构象在计算统计平均值时的贡献是很小的，在计算过程中会造成大量的浪费，且这一问题在温度较低的时候更为突出。因此为了解决这一问题，可以在抽样时加大在特定温度下的主要链构象的权重进行选择性抽样，这样所生成的链构象便不再是完全无规的了，这便是重要性抽样方法（importance sampling method）的主要思想。

如果我们能够直接得到在温度 T 下平衡时的链构象的概率分布，那么问题自然迎刃而解，然而这并不容易实现。Metropolis 在应用 Markov 链模拟统计物理中的状态方程时提出了一种重要性抽样方法，他认为不同的构象态之间并非相互独立，构象态的变化可以通过构造一个遍历的 Markov 链模拟，在进行足够多次状态转移后能够得到状态空间的极限分布也即平稳分布，而这就是所需的平衡时链构象的概率分布。这一抽样方法的关键在于如何构造一个 Markov 链概率转移矩阵。

设分布 π 符合式（3-19）：

$$\pi = (\pi_1, \cdots, \pi_N), \ \pi_i > 0, i = 1, 2, \cdots, N, \sum_{i=1}^{N} \pi_i = 1 \tag{3-19}$$

相应概率转移矩阵 $P = (p_{ij})_{N \times N}$，$p_{ij}$ 需要满足以下三个条件：

条件①
$$p_{ij} \geqslant 0, \sum_{j=1}^{N} p_{ij} = 1 \ i, j = 1, 2, \cdots, N \tag{3-20}$$

条件②
$$\pi_i = \sum_{j=1}^{N} \pi_j p_{ji} \ i = 1, 2, \cdots, N \tag{3-21}$$

条件③
$$\lim_{n \to \infty} p_{ij}^{(n)} = \pi_j \ i, j = 1, 2, \cdots, N \tag{3-22}$$

Metropolis 等人提出的概率转移矩阵 P_M 的形式为：

$$p_{ij} = \begin{cases} p_{ij}^*, & i \neq j, \pi_i \leqslant \pi_j \\ p_{ij}^* \dfrac{\pi_j}{\pi_i}, & i \neq j, \pi_i > \pi_j \\ 1 - \sum_{j \neq i} p_{ij}, & i = j \end{cases} \tag{3-23}$$

其中，p_{ij}^* 是某个对称转移矩阵中的元素，满足式（3-24）：

$$\begin{cases} p_{ij}^* = p_{ji}^* > 0 \\ \sum_{j=1}^{N} p_{ij}^* = 1 \end{cases} \tag{3-24}$$

矩阵 P_M 显然满足条件①。

$$\sum_{j=1}^{N} \pi_j p_{ji} = \sum_{j \in \{j | \pi_j \leqslant \pi_i, j \neq i\}} \pi_j p_{ji}^* + \sum_{j \in \{j | \pi_j > \pi_i, j \neq i\}} \pi_j p_{ji}^* \frac{\pi_i}{\pi_j} + \pi_i \left(1 - \sum_{j \neq i} p_{ij}\right)$$

$$= \sum_{j \in \{j | \pi_j \leqslant \pi_i, j \neq i\}} \pi_j p_{ij}^* + \sum_{j \in \{j | \pi_j > \pi_i, j \neq i\}} \pi_i p_{ij}^* + \pi_i \left(1 - \sum_{j \neq i} p_{ij}\right)$$

$$= \sum_{j \in \{j | \pi_j \leqslant \pi_i, j \neq i\}} \pi_j p_{ij}^* + \sum_{j \in \{j | \pi_j > \pi_i, j \neq i\}} \pi_i p_{ij}^* + \pi_i \left(1 - \sum_{j \neq i} p_{ij}\right) \qquad (3\text{-}25)$$

$$= \sum_{j \in \{j | \pi_j \leqslant \pi_i, j \neq i\}} \pi_i p_{ij} + \sum_{j \in \{j | \pi_j > \pi_i, j \neq i\}} \pi_i p_{ij} + \pi_i \left(1 - \sum_{j \neq i} p_{ij}\right)$$

$$= \sum_{j \neq i} \pi_i p_{ij} + \pi_i \left(1 - \sum_{j \neq i} p_{ij}\right)$$

$$= \pi_i$$

故矩阵 $\boldsymbol{P}_M$ 也满足条件②。由于

$$p_{ij} \neq 0, \ i, j = 1, \cdots, N \qquad (3\text{-}26)$$

故所构造的 Markov 链遍历，则有

$$\lim_{n \to \infty} p_{ij}^{(n)} = \pi_j, \ i, j = 1, \cdots, N \qquad (3\text{-}27)$$

因此，利用 Metropolis 方法抽样能够得到所需的复杂分布。

实现 Metropolis 方法的一般步骤如下：

（1）设定一个初始的高分子链构象 $\{\boldsymbol{r}\}_i$。

（2）通过随机数确定高分子链构象改变后的新构象 $\{\boldsymbol{r}\}_j$。

（3）按式（3-28）计算构象变化的能量差：

$$\Delta H = H\left(\{\boldsymbol{r}\}_j\right) - H\left(\{\boldsymbol{r}\}_i\right) \qquad (3\text{-}28)$$

（4）产生一个单位区间内的随机数 s，如果满足式（3-29）：

$$s \leqslant \mathrm{e}^{-\frac{\Delta H}{kT}} \qquad (3\text{-}29)$$

则接受新构象 $\{\boldsymbol{r}\}_j$，反之则高分子链保持原来的构象。

（5）返回步骤（2）继续模拟，直至计算结果达到所需的精度。

最后我们再对 Metropolis 方法的一般步骤进行一个简单的分析。通过对式（3-19）变换可得：

$$\pi_i p_{ij} = \pi_j p_{ij}^* = \pi_j p_{ji}^* = \pi_j p_{ji}, \ i \neq j, \pi_i > \pi_j \qquad (3\text{-}30)$$

即

$$\pi_i p_{ij} = \pi_j p_{ji}, \ i, j = 1, \cdots, N \qquad (3\text{-}31)$$

这一条件也被称为细致平稳条件，直观来看表示的是在 Markov 链达到稳定后，从状态 i 变为状态 j 的概率等于从状态 j 变为状态 i 的概率。

令

$$p_{ij}^* = p_{ji}^* = \frac{1}{N} \qquad (3\text{-}32)$$

则概率转移矩阵 $\boldsymbol{P}_M$ 为

$$p_{ij} = \begin{cases} \dfrac{1}{N} \min\left\{1, \dfrac{\pi_j}{\pi_i}\right\}, & i \neq j \\ 1 - \displaystyle\sum_{j \neq i} p_{ij}, & i = j \end{cases} \qquad (3\text{-}33)$$

设高分子链共有 N 个构象，则从构象 $\{r\}_i$ 转移至构象 $\{r\}_j$ 的概率 p_{ij} 即为式（3-33），步骤（2）的概率为 $\dfrac{1}{N}$，步骤（3）和步骤（4）的概率为 $\min\left\{1, \dfrac{\pi_j}{\pi_i}\right\}$，这是因为在平衡态下某一特定的高分子构象 $\{r\}_i$ 出现的概率密度正比于 $\mathrm{e}^{-\frac{H\left(\{r\}_i\right)}{kT}}$，则构象 $\{r\}_j$ 与构象 $\{r\}_i$ 出现的概率密度比即为 $\mathrm{e}^{-\frac{H\left(\{r\}_j\right)-H\left(\{r\}_i\right)}{kT}}$，再根据乘法原理即知步骤（2）至步骤（4）的概率为构象 $\{r\}_i$ 转移至构象 $\{r\}_j$ 的概率 p_{ij}。

参考文献

[3-1]　Ling J, Fomina N, Rasul G, et al. DFT based Monte Carlo simulations of poly (9, 9-dialkylfluorene-2, 7-diyl) polymers in solution[J]. The Journal of Physical Chemistry B, 2008, 112(33): 10116-10122.

第4章 蒙特卡洛方法在高分子化学中的应用

从微观分子水平上看，化学反应可以被认为是无规热运动的反应物分子之间有效碰撞而发生的化学键重组。模拟统计大量分子的无规热运动正是蒙特卡洛方法的长处，蒙特卡洛方法特别适合模拟化学反应，包括模拟高分子聚合反应过程。

4.1 蒙特卡洛格点法模拟聚合反应动力学

利用蒙特卡洛格点法进行聚合反应动力学研究具有较长的历史，思想简单明了，也容易实现。

假设整个反应体系中的反应物分子（也可加上惰性的溶剂分子）分散在一个 $N \times N$ 的网格中，随机选择分布在（相邻）格子中的聚合物发生某种反应，之后，不断重复随机选择及随机反应过程，直到得到最终的结果。

具体说来，利用蒙特卡洛格点法进行聚合反应动力学模拟的主要步骤包括如下四步：

（1）将起始反应物分子随机分布在 $N \times N$ 网格中（如有必要，可以建立三维网格），在计算机中为便于表示，可利用不同的数字（如0、1等）表示不同分子。各分子在网格中的位置可用两个随机数 r_1、r_2 来进行确定。

（2）利用题中给出的宏观反应动力学常数 k 确定反应物分子发生特定反应的概率（即微观反应概率常数），并根据此反应概率将反应通道归一化。

（3）构造一个随机数 r_3，判断其在反应通道中的位置以确定发生的反应，再根据该反应前后的物质变化改变体系中的物质的量，记录各步反应的相关信息。

（4）重复上述（2）和（3）两个步骤，直至反应发生 n 步（n 为预先设定的值）或达到某个临界值（如某反应物含量）后停止。

接下来我们以三个经典的一级反应动力学为例，介绍蒙特卡洛格点法模拟反应动力学的实现过程。

4.1.1 对峙反应

例4-1 对形如式（4-1）的对峙反应，假设初始状态时体系中全部为A分子，A反应成为B的反应速率常数 $k_1 = 0.5$，B转化为A的反应速率常数 $k_2 = 0.4$，试用蒙特卡洛格点法模拟该对峙反应的反应动力学过程。

$$A \underset{k_2}{\overset{k_1}{\rightleftharpoons}} B \qquad (4-1)$$

解：

（1）构建 100×100 的数组 R，即 $N=100$ 的二维网格，数组内用数字"0"代表"A"，数字"1"代表"B"，初始状态下全部置"1"。由于在一级反应中，微观反应概率常数等于宏观反应动力学常数 k，可以据此按式（4-2）和式（4-3）将反应通道归一化，计算出各个反应发生的概率。

$$p_1 = \frac{k_1}{k_1 + k_2} \qquad (4-2)$$

$$p_2 = \frac{k_2}{k_1 + k_2} = 1 - p_1 \qquad (4-3)$$

（2）产生两个 $[1,100]$ 的随机数 r_1 和 r_2，抽样到 R 数组中的某一个元素（即在网格中随机抽样一个分子），同时产生一个 $[0,1)$ 的随机数 r_3 用于判断反应是否发生。若抽到的元素内容为"0"（即A分子），且 $r_3 < p_1$，则该分子转变为B（内容改成"1"）；若内容为"1"（即B分子），且 $p_1 \leqslant r_3 < (p_1 + p_2)$，则发生B变成A的反应（内容改成"0"）。记录抽样的次数 M，按式（4-4）和式（4-5）计算该次抽样后的A和B分子的摩尔分数：

$$x_A = \frac{n_A}{N \times N} = \frac{n_A}{10000} \qquad (4-4)$$

$$x_B = \frac{n_B}{N \times N} = 1 - x_A \qquad (4-5)$$

其中，n_A 和 n_B 分别为A和B分子的个数。在这里可以简单对二维数组 R 内容求和，其值为 n_B；于是 n_A 满足式（4-6）：

$$n_A = 10000 - n_B \qquad (4-6)$$

（3）重复步骤（2）进行100000步模拟运算，记录各步反应发生的结果，整理后得到的计算结果如图4.1所示，程序见二维码4.1。

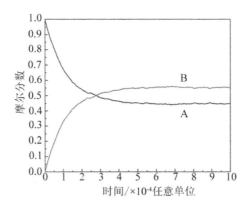

图4.1　对峙反应的蒙特卡洛格点法计算结果

二维码4.1

4.1.2　平行反应

例4-2　对形如式（4-7）的平行反应，假设初始状态时体系中全部为A分子，A反应成为B的反应速率常数$k_1 = 0.5$，A转化为C的反应速率常数$k_2 = 0.4$，试用蒙特卡洛格点法模拟该平行反应的反应动力学过程。

$$A \overset{k_1}{\underset{k_2}{<}} \begin{matrix} B \\ C \end{matrix} \tag{4-7}$$

解：

同前例算法，假设用数字"0"代表A分子，数字"1"代表B分子，数字"2"代表C分子，构建100×100的网格进行100000步模拟运算。具体计算结果如图4.2所示，程序见二维码4.2。

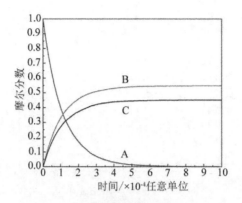

图4.2　平行反应的蒙特卡洛格点法计算结果

二维码4.2

4.1.3　连续反应

例4-3　对形如式（4-8）的连续反应，假设初始状态时体系中全部为A分子，A反应成为B的反应速率常数 $k_1=0.5$，B转化为C的反应速率常数 $k_2=0.4$，试用蒙特卡洛格点法模拟该连续反应的反应动力学过程。

$$A \xrightarrow{\ k_1\ } B \xrightarrow{\ k_2\ } C \tag{4-8}$$

解：

同前例算法，用数字"0"代表A分子，数字"1"代表B分子，数字"2"代表C分子，并构建 100×100 的网格进行100000步模拟运算。具体计算结果如图4.3所示，程序见二维码4.3。

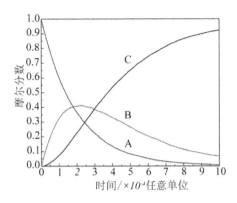

图 4.3　连续反应的蒙特卡洛格点法计算结果

二维码 4.3

由上述例 4-1、例 4-2 和例 4-3 三个例子可以看出，蒙特卡洛格点法具有易于理解以及编程简单等优点。但是，由于蒙特卡洛格点法无法真实地表达反应所进行的时间，因此该方法在高分子化学特别是化学动力学领域的应用受到限制，难以直接与实验结果进行对比。

4.2　蒙特卡洛方法模拟聚合反应动力学

4.2.1　化学反应的硬球碰撞模型

根据"物理化学"课程中的硬球碰撞模型，化学反应动力学的随机性源于热力学平衡体系中不停热运动的反应分子相互碰撞的随机性。因此，在一个热力学平衡体系中，尽管我们不能准确地计算在任意无穷小的时间间隔内发生碰撞的分子数量，但我们可以用单位时间反应分子的碰撞概率来描述反应的具体过程。

硬球碰撞模型假设反应物分子为一个简单的刚性球体，当且仅当大于等于两个合适的钢球以恰当的方式相互碰撞时，化学反应才会发生。

以式（4-9）的双分子反应为例。

$$A + B \xrightarrow{\ k\ } C \tag{4-9}$$

对随机运动的 A、B 分子而言，若两者质心的投影落在了直径为 d_{AB} 的圆截面之内，则两者可能发生碰撞（见图 4.4）。因此，我们称 d_{AB} 为分子间碰撞的有效直径，其在数值上等于A分子和B分子的半径之和。

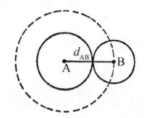

图4.4　A和B分子之间发生碰撞的有效直径 d_{AB}

根据分子运动理论，A、B分子在体系中的平均运动速度 u_A 和 u_B 为：

$$u_A = \sqrt{\frac{8RT}{\pi M_A}}, \ u_B = \sqrt{\frac{8RT}{\pi M_B}} \tag{4-10}$$

其中，M_A 和 M_B 分别为A和B分子的分子量。

则A、B分子的相对速度 u_{AB} 可以表示为：

$$u_{AB} = \sqrt{u_A^2 + u_B^2} = \sqrt{\frac{8RT}{\pi \mu}} \tag{4-11}$$

其中，μ 称为折合质量，其计算公式为：

$$\mu = \frac{M_A M_B}{M_A + M_B} \tag{4-12}$$

则A、B分子间相互碰撞的频率 Z_{AB} 为：

$$Z_{AB} = \pi d_{AB}^2 u_{AB} \frac{X_A}{V} \frac{X_B}{V} = \pi d_{AB}^2 \sqrt{\frac{8RT}{\pi \mu}} \frac{X_A}{V} \frac{X_B}{V} \tag{4-13}$$

其中，X_A、X_B 分别为A、B分子在体系中的数量。

若A和B分子反应的有效碰撞分数为 q，则上述双分子反应的反应速率可以表示为：

$$-\frac{d[A]}{dt} = \frac{Z_{AB}}{N_A} \cdot q = k[A][B] \tag{4-14}$$

4.2.2　随机蒙特卡洛模拟算法

根据硬球碰撞模型，本节我们将推导随机蒙特卡洛模拟反应动力学的算法。以双分子反应（见式（4-15））为例，已知反应物 S_1 和 S_2 反应的宏观反应速率常数为 k，反应速率满足式（4-16）。在微观分子水平，由于测不准原理，我们无法准确计算体积 V 中 S_1 和 S_2 分子的碰撞次数，但是我们可以准确计算其碰撞概率。

$$S_1 + S_2 \xrightarrow{\ k\ } S_3 \tag{4-15}$$

$$-\frac{\mathrm{d}[S_1]}{\mathrm{d}t} = k \cdot [S_1][S_2] \tag{4-16}$$

假设反应物 S_1 和 S_2 分子间发生特定反应的概率常数（即微观反应概率常数）为 c，我们可将某一特定分子在下一个无穷小的时间间隔 $\mathrm{d}t$ 内反应的平均概率表示为 $c \cdot \mathrm{d}t$，那么，下一个无穷小时间间隔在体积 V 内发生反应的概率为 $X_1 X_2 c \cdot \mathrm{d}t$。

对于上述双分子反应，我们可以将确定性反应常数 k 表示为：

$$k = V \cdot c \cdot \frac{\langle X_1 X_2 \rangle}{\langle X_1 \rangle \langle X_2 \rangle} \tag{4-17}$$

其中，符号 $\langle \ \rangle$ 表示系综平均，即在某个确定体系下某个集合的均值。

为简化模型，假设研究体系中各分子保持完全均匀混合状态，即分子之间发生非反应碰撞的概率远大于分子发生反应碰撞的概率，或者说式（4-14）中的 q 值很小。

则有 $\langle X_1 X_2 \rangle = \langle X_1 \rangle \langle X_2 \rangle$，即式（4-17）可以简化为式（4-18），这是二级反应的宏观反应速率常数与微观反应概率常数之间的关系：

$$k = V \cdot c \tag{4-18}$$

值得读者注意的是，这里的体积 V 包含了 mol 和 "个" 单位的转换，所以需要在转换单位时补充 Avogadro 常数。一级和三级化学反应的宏观反应速率常数 k 和微观反应概率常数 c 的关系可以分别类似推导为：$k = c$ 和 $k = V^2 \cdot c$。

在化学反应动力学中，我们定义一个**巨概率函数**（grand probability function）：

$$P(X_1, X_2, \cdots, X_N; t) \tag{4-19}$$

它表示在 t 时刻在体积 V 中出现状态 $(X_1, X_2, \cdots, X_N)$ 的概率。

假设体系中的 N 种分子可以发生 M 种化学反应，则该体系的**时间演化方程**（time-evolution equation，即体系在 $t + \Delta t$ 时刻出现状态 $(X_1, X_2, \cdots, X_N)$ 的概率）可以表示为：

$$P(X_1, X_2, \cdots, X_N; t + \Delta t) = P(X_1, X_2, \cdots, X_N; t)\left[1 - \sum_{\mu=1}^{M} a_\mu \mathrm{d}t\right] + \sum_{\mu=1}^{M} B_\mu \mathrm{d}t \tag{4-20}$$

其中，$a_\mu \mathrm{d}t$ 表示在 t 时刻到 $t + \Delta t$ 时刻这段时间内，在 t 时刻状态为 $(X_1, X_2, \cdots, X_N)$ 的体积 V 中发生 R_μ 反应的概率，即体系将要发生 R_μ 反应而不保持原 $(X_1, X_2, \cdots, X_N)$ 状态的概率；B_μ 则表示原来非 $(X_1, X_2, \cdots, X_N)$ 的状态下经 R_μ 反应而转化为 $(X_1, X_2, \cdots, X_N)$ 状态的概率。

对上述时间演化方程求导，即可得该反应体系的**主导方程**（master equation），如式（4-21）所示。

$$\frac{\partial}{\partial t} P\left(X_1, X_2, \cdots, X_N; t\right) = \sum_{\mu=1}^{M}\left[B_\mu - a_\mu P\left(X_1, X_2, \cdots, X_N; t\right)\right] \tag{4-21}$$

虽然主导方程能够准确地描述整个体系的动力学过程，但是求解主导方程几乎是不可能的。

为描述 t 时刻之后体系的变化过程，我们引入**反应概率密度函数**（reaction probability density function）这一概念。反应概率密度函数用 $P(\tau, \mu)\mathrm{d}\tau$ 表示，含义为时刻 t、体积 V 时的状态 $\left(X_1, X_2, \cdots, X_N\right)$，在 $t + \tau$ 时刻到 $t + \tau + \mathrm{d}\tau$ 时刻这段无穷短的时间内发生且仅发生 R_μ 反应的概率。

定义 h_μ 为体系中可发生的 R_μ 反应的分子数乘积，则有定义：

$$a_\mu \mathrm{d}t \equiv h_\mu c_\mu \mathrm{d}t \tag{4-22}$$

分离变量 τ 和 μ，根据反应概率密度函数的定义，可得：

$$P(\tau, \mu)\mathrm{d}\tau = P_0(\tau) \cdot a_\mu \mathrm{d}\tau \tag{4-23}$$

其中，$P_0(\tau)$ 代表体系在 t 时刻为 $\left(X_1, X_2, \cdots, X_N\right)$ 的状态，且在 t 时刻到 $t + \tau$ 时刻这段时间内，不发生反应的概率；$a_\mu \mathrm{d}\tau$ 表示体系在 $t + \tau$ 时刻到 $t + \tau + \mathrm{d}\tau$ 时刻这段无穷短的时间内发生 R_μ 反应的概率。

根据时间演化方程式（4-20），可以写出：

$$P_0\left(\tau' + \mathrm{d}\tau'\right) = P_0\left(\tau'\right)\left[1 - \sum_{\nu=1}^{M} a_\nu \mathrm{d}\tau'\right] \tag{4-24}$$

推导可得：

$$\mathrm{d}P_0\left(\tau'\right) = P_0\left(\tau' + \mathrm{d}\tau'\right) - P_0\left(\tau'\right) = -P_0\left(\tau'\right)\sum_{\nu=1}^{M} a_\nu \mathrm{d}\tau' \tag{4-25}$$

对式（4-25）积分得到：

$$P_0(\tau) = \exp\left(-\sum_{\nu=1}^{M} a_\nu \tau\right) \tag{4-26}$$

代入式（4-23）即得随时间演化的反应密度概率函数表达式：

$$P(\tau, \mu) = \begin{cases} a_\mu \cdot \exp\left(-a_0 \tau\right), & 0 \leqslant \tau < \infty \text{ 且} \mu = 1, 2, \cdots, M \\ 0, & \text{其他情况} \end{cases} \tag{4-27}$$

其中，a_μ 和 a_0 分别为发生 R_μ 反应的概率（见式（4-28））和发生所有反应的概率（见式（4-29））：

$$a_\mu = h_\mu c_\mu, \quad \mu = 1, 2, \cdots, M \tag{4-28}$$

$$a_0 = \sum_{\nu=1}^{M} a_\nu = \sum_{\nu=1}^{M} h_\nu c_\nu \tag{4-29}$$

在上述推导中需要指出的是，每次反应发生的时间间隔并非定值，而是满足式

（4-26）的随机概率按指数分布对应的一个随机值。

由此我们可以用蒙特卡洛方法来模拟微观反应动力学，具体方法如下。

构造随机变量 r_1，令其为概率 $P_0(\tau)$，即满足式（4-30）：

$$r_1 = P_0(\tau) = \exp\left(-\sum_{\nu=1}^{M} a_\nu \tau\right) \tag{4-30}$$

则推导可得反应发生的时间间隔 τ 为：

$$\tau = \frac{1}{a_0} \ln\left(\frac{1}{r_1}\right) \tag{4-31}$$

其中，a_0 为发生所有反应的概率和：

$$a_0 = \sum_{\nu=1}^{M} a_\nu \tag{4-32}$$

构造随机变量 r_2 来确定具体发生的反应过程，若式（4-33）成立，则发生 R_μ 反应：

$$\sum_{\nu=1}^{\mu-1} a_\nu \leqslant r_2 \cdot a_0 < \sum_{\nu=1}^{\mu} a_\nu \tag{4-33}$$

随机蒙特卡洛方法模拟化学反应动力学过程的算法如下：

（1）输入 M 种反应的宏观反应速率常数 $k_\nu(\nu=1,2,\cdots,M)$ 以及 N 种反应物的初始分子数 $X_i(i=1,2,\cdots,N)$。设置反应初始时间及初始反应步数为 0，即令 $t=0, n=0$。初始化随机数发生器。将宏观反应速率常数 k_ν 转化为微观反应速率常数 c_ν（如在一级反应中，有 $k_\nu=c_\nu$）。

（2）根据式（4-22）和式（4-32）计算并储存当前时刻下的 a_μ 和 a_0。

（3）产生随机数 r_1、r_2，根据式（4-31）计算反应时间 τ，并根据式（4-33）确定发生的反应 R_μ。

（4）令反应时间增加 τ，并按反应 R_μ 中物质的前后变化改变体系中反应物的分子数 X_i。令反应步数 n 记数加 1。记录该时刻下所有关心的物理量。

（5）重复上述步骤（2）～步骤（4），直到反应时间 t 达到预定时间，或反应步数 n 达到预定值，或当 a_0 变得很小时，停止模拟。将各关心的物理量统计后输出。

随机蒙特卡洛方法通常需要在选定条件下进行数次平行模拟，以保证结果收敛，得到具有统计意义的较为准确的模拟结果。

随机蒙特卡洛方法模拟化学反应动力学过程的优缺点总结于表 4.1。

表4.1　随机蒙特卡洛方法模拟化学反应动力学的优缺点

优　点	缺　点
算法由严格的数学公式推导而来，准确可靠	蒙特卡洛算法依赖一个可靠的取值在单位区间内的随机数发生器

续表

优　点	缺　点
只应用了完全均匀混合基本假设	一个程序的运算往往需要大量时间
模拟中记录的时间就是实际反应时间	耗时的上限限制了可以模拟的分子反应的总数
记录了所有微观变化过程，可以反映反应机理的本质	需要进行数次仿真模拟以校正随机过程的结果

4.2.3　随机蒙特卡洛方法模拟连续反应动力学

例4-4　若有如式（4-34）所示的连续反应，反应开始时体系中全为反应物 A，浓度为1.0　mol/L，A转化为B的反应速率常数为 $k_1 = 0.025s^{-1}$，B转化为C的反应速率常数为 $k_2 = 0.0125s^{-1}$。试分别用解析计算方法和随机蒙特卡洛方法计算物质A、B、C随时间的浓度变化。

$$A \xrightarrow{k_1} B \xrightarrow{k_2} C \tag{4-34}$$

解：

根据物理化学中的反应动力学知识，我们可以列出方程式（4-35）以表示反应物的浓度变化过程：

$$\begin{cases} \dfrac{dc_A}{dt} = -k_1 c_A \\[2mm] \dfrac{dc_B}{dt} = k_1 c_A - k_2 c_B \\[2mm] \dfrac{dc_C}{dt} = k_2 c_B \end{cases} \tag{4-35}$$

从上至下逐步积分，可以得到反应物A、B、C在整个体系中浓度变化的解析表达式为：

$$\begin{cases} [A] = [A]_0 e^{k_1 t} \\[2mm] [B] = \dfrac{k_1 [A]_0}{k_2 - k_1} \left[e^{-k_1 t} - e^{-k_2 t} \right] \\[2mm] [C] = [A]_0 \left[1 - \dfrac{k_2 e^{-k_1 t}}{k_2 - k_1} + \dfrac{k_1 e^{-k_2 t}}{k_2 - k_1} \right] \end{cases} \tag{4-36}$$

取 $k_1 = 0.025s^{-1}$，$k_2 = 0.0125s^{-1}$，$[A]_0 = 1 mol/L$，$[B]_0 = [C]_0 = 0$，则式（4-36）可以表示为：

$$\begin{cases} [A] = e^{-0.025t} \\ [B] = -2(e^{-0.025t} - e^{-0.0125t}) \\ [C] = 1 + e^{-0.025t} - 2e^{-0.0125t} \end{cases} \tag{4-37}$$

可绘制成如图 4.5 所示的图像。

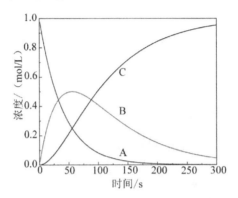

图 4.5　连续反应式(4-34)的解析计算结果

用随机蒙特卡洛模拟如式（4-34）所示的连续反应的动力学过程，其微观反应概率常数以及反应时间可以推导为式（4-38）和式（4-39）：

$$c_1 = k_1, \ c_2 = k_2 \tag{4-38}$$

$$\tau = \frac{1}{c_1 X_A + c_2 X_B} \ln\left(\frac{1}{r_1}\right) \tag{4-39}$$

若随机数 r_2 满足：

$$0 \leqslant r_2 < \frac{c_1 X_A}{c_1 X_A + c_2 X_B} \tag{4-40}$$

则发生 R_1 反应，即发生从 A 转化为 B 的反应。

反之，若随机数 r_2 满足：

$$\frac{c_1 X_A}{c_1 X_A + c_2 X_B} \leqslant r_2 < 1 \tag{4-41}$$

则发生 R_2 反应，即发生由 B 转化为 C 的反应。

取 $k_1 = 0.025\text{s}^{-1}$，$k_2 = 0.0125\text{s}^{-1}$，分别设定三种反应物 A 的起始分子数 X_0，取值 200、2000 和 20000（在初始浓度 $[A]_0$ 为 1mol/L 不变的情况下，三种情况具有不同的模拟体积 V），针对每个起始分子数 X_0 的值，分别进行了 20 次模拟运算。程序见二维码 4.4，模拟结果整理如图 4.6 ~ 图 4.8 所示。

二维码 4.4

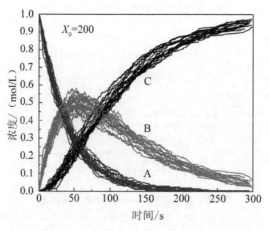

彩图效果

图 4.6　连续反应式(4-34)的蒙特卡洛模拟结果(X_0=200, V=3.3×10⁻²² L)

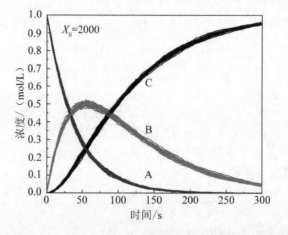

彩图效果

图 4.7　连续反应式(4-34)的蒙特卡洛模拟结果(X_0=2000, V=3.3×10⁻²¹ L)

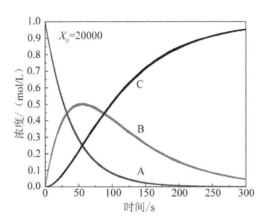

图 4.8　连续反应式(4-34)的蒙特卡洛模拟结果(X_0=20000, V=3.3×10⁻²⁰ L)

对比图 4.5～图 4.8 可以看到，蒙特卡洛仿真的结果与解析函数的结果吻合得很好，且起始分子数 X_0 越多（即模拟体系越大），多次模拟结果的重复性越好，但是更多的起始分子数也意味着需要消耗更多的运算时间。

同样，利用随机蒙特卡洛方法可以模拟对峙反应、平行反应、双分子反应等复杂反应的动力学过程，有兴趣的读者可以利用本节中所介绍的算法自行编程模拟，本书不再赘述。

4.3　蒙特卡洛方法在缩聚反应中的应用

一般情况下，高分子的聚合反应从单体出发，最终得到不同链长的聚合物。随着聚合过程中不同聚合度的多聚体的生成，反应物的种类以及反应方式也在不断增加。由此，缩聚反应的蒙特卡洛模拟比第 4.2 节中的简单化学反应动力学模拟更为复杂。

缩聚反应的聚合过程通常可用式（4-42）来表示：

$$\mathrm{P}_n + \mathrm{P}_m \xrightarrow{k_{nm}} \mathrm{P}_{n+m} \tag{4-42}$$

其中，P_n 表示聚合物为 n 的多聚体；k_{nm} 表示 n 聚体和 m 聚体反应时的宏观反应速率常数。

参照第 4.2 节中的方法，缩聚反应的概率（a_i 值）可以表示为：

$$a_{nm} = c_{nm} \cdot X_n \cdot X_m \, (n \neq m) \tag{4-43}$$

若 $n=m$，概率值需要扣除重复统计的部分，成为式（4-44）：

$$a_{nn} = \frac{1}{2} \cdot c_{nn} \cdot X_n \cdot (X_n - 1) \tag{4-44}$$

此时，相邻反应发生的时间间隔 τ 仍然为式（4-31）：

$$\tau = \frac{1}{a_0} \ln\left(\frac{1}{r_1}\right) \tag{4-31}$$

其中，所有反应的概率和 a_0 由式（4-45）计算：

$$a_0 = \sum_{\substack{n \\ n \neq m}} \sum_m \left(c_{nm} \cdot X_n \cdot X_m\right) + \frac{1}{2} \sum_n \left[c_{nn} \cdot X_n \cdot \left(X_n - 1\right)\right] \tag{4-45}$$

于是在缩聚反应体系中，归一化后的任一反应发生的概率可以表示为式（4-46）和式（4-47）：

$$P_{nm} = \frac{c_{nm} \cdot X_n \cdot X_m}{a_0} \quad (n \neq m) \tag{4-46}$$

$$P_{nn} = \frac{\frac{1}{2} \cdot c_{nn} \cdot X_n \cdot \left(X_n - 1\right)}{a_0} \tag{4-47}$$

接下来，为判断发生的具体反应种类，我们根据第三章中式（3-3）的累积概率分布函数和式（4-33）的抽样方法，构建如图4.9所示的反应抽样通道。构造随机数 r_2，若 r_2 落入区域 P_{nm} 内，即发生 n 聚体和 m 聚体的缩聚反应。

| P_{11} | P_{12} | $\cdots$ | P_{nm} | $\cdots$ | |

0 ⟶ 1

图4.9　缩聚反应抽样的反应通道

根据 Flory 提出的等活性假设，我们可以建立简单缩聚反应的蒙特卡洛方法来模拟动力学过程。此外，通过对模型的进一步改进，蒙特卡洛方法还可以用来模拟更加复杂的聚合体系的动力学过程。

4.3.1　AB型缩聚反应

聚苯撑醚砜的合成是一个典型的缩聚反应（见式（4-48）），可以利用上述蒙特卡洛方法来模拟其反应动力学。

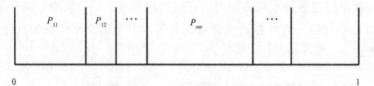

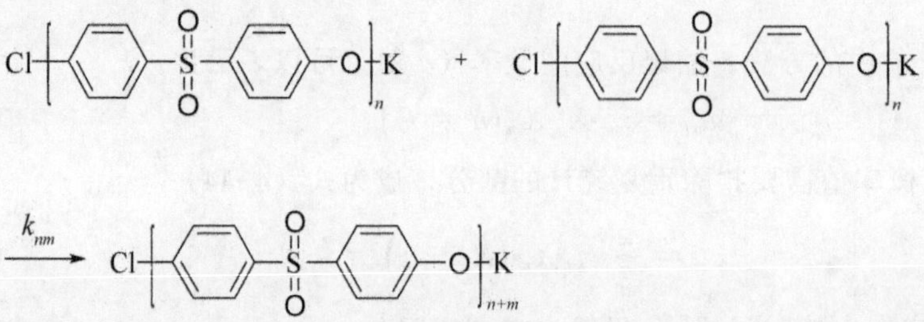

$$\tag{4-48}$$

为便于叙述，令A代表基团－Cl，B代表基团－OK，AB（n）代表以-Cl及-OK为两个端基的n聚体，则聚苯撑醚砜的缩聚反应过程可以简化为：

$$AB(1) + AB(1) \xrightarrow{k_{11}} AB(2) \qquad (4\text{-}49)$$

$$AB(1) + AB(m) \xrightarrow{k_{1m}} AB(1+m) \qquad (4\text{-}50)$$

$$AB(n) + AB(m) \xrightarrow{k_{nm}} AB(n+m) \quad n, m \geqslant 2 \qquad (4\text{-}51)$$

若缩聚反应符合Flory等活性假设，即宏观反应速率常数与反应物聚合度无关，则符合式（4-52）：

$$k_{11} = k_{1m} = k_{nm} \qquad (4\text{-}52)$$

二级反应的宏观反应速率常数k与微观反应概率常数c满足式（4-18）：

$$k = V \cdot c \qquad (4\text{-}18)$$

根据数均聚合度定义，不同时间t时的缩聚反应体系的数均聚合度可以用式（4-53）表示，模拟结果与解析计算结果对比如图4.10所示。

$$X(t) = k \cdot X_M^0 \cdot t + 1 \qquad (4\text{-}53)$$

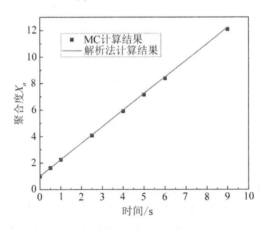

图4.10 不同反应时间下的数均聚合度

二维码4.5

对应Flory分布的分子量分布函数的解析计算结果为：

$$W_n = n \cdot p^{n-1} \cdot (1-p)^2 \qquad (4\text{-}54)$$

其中，p表示对应反应的反应程度：

$$p = \frac{X_M^0 - X}{X_M^0} \tag{4-55}$$

不同反应程度时，解析函数和利用蒙特卡洛方法模拟的聚合物分子量分布对比如图4.11所示。

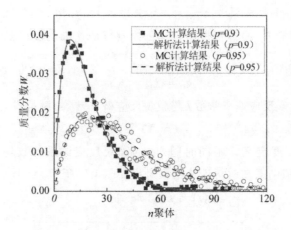

彩图效果

图4.11   等活性缩聚反应不同反应程度下的分子量分布

二维码4.6

例4-5   假设聚苯撑醚砜的 AB 型缩聚反应满足 Flory 等活性假设。然而，由于苯环的电子离域作用，单体和多聚物的活性存在着一定的差距，即在实际反应过程中，$k_{11} \neq k_{1m} \neq k_{nm}$。实验测定上述三个反应常数的数值为：

$$
\begin{aligned}
k_{11} &= 0.011 \times 10^{-5} \, \text{mol/(L·s)} \\
k_{1m} &= 0.8 \times 10^{-5} \, \text{mol/(L·s)} \\
k_{nm} &= 1.36 \times 10^{-5} \, \text{mol/(L·s)}
\end{aligned}
\tag{4-56}
$$

用蒙特卡洛方法模拟非等活性缩聚反应所得到的数均聚合度，与等活性假设下的 Flory 分布函数，对比于图4.12。因为单体间缩聚反应动力学常数远小于单体与多聚物间的动力学反应常数，所以单体更多倾向于同多聚物而非单体进行反应。而且，多聚体之间也具有更大的反应趋势。从图4.12中看到，即使总体反应程度已达到0.9，所得产物中仍有大量单体存在，且产生了具有很高聚合度的聚合物。

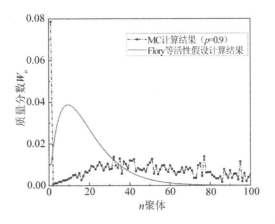

彩图效果

图4.12　非等活性缩聚反应的蒙特卡洛模拟结果

二维码4.7

4.3.2　AA+AB型共缩聚反应

在实际反应过程中，为达到封端等目的，我们也常常加入 AA 型单体进行共缩聚反应。AA 型单体参与的缩聚反应可以表示为：

$$AB(1) + AA(m) \xrightarrow{k_{1m}} AB(1+m) \quad m \geqslant 1 \tag{4-57}$$

$$AB(n) + AA(m) \xrightarrow{k_{nm}} AB(n+m) \quad m \geqslant 1, n \geqslant 2 \tag{4-58}$$

其中，k_{nm} 表示 n 聚体和 m 聚体之间发生的缩聚反应的宏观反应速率常数（若 n 或 m 为 1，则代表对应单体参与反应）。参照实验结果，已知 AB 型多聚物与 AA 型多聚物之间的反应常数与 AB 型多聚物相互之间的反应常数相同。

在蒙特卡洛方法模拟中加入不同比例的 AB 和 AA 单体，生成的聚合物数均聚合度同时间的变化关系如图4.13所示（为避免初始分子量不同造成的影响，以初始单体总数×时间为横坐标绘图）。随着 AA 型单体浓度的上升，聚合反应速率有明显增大的趋势。

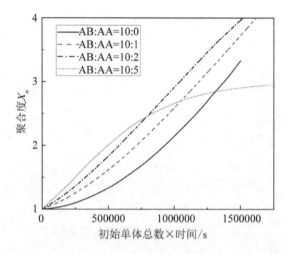

彩图效果

图 4.13   蒙特卡洛方法模拟 AA+AB 型共缩聚反应的聚合度随时间的关系

二维码 4.8

　　若考虑不同反应程度 p 下的 AA＋AB 型共缩聚反应的分子量分布，蒙特卡洛方法模拟的结果如图 4.14 所示（以 AB：AA＝10：1 为例）。

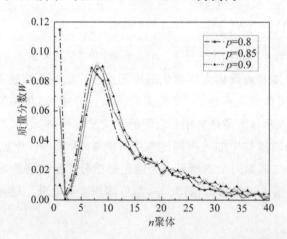

彩图效果

图 4.14   蒙特卡洛方法模拟 AA+AB 型共缩聚反应的聚合度分布

二维码4.9

4.3.3 AB+BS型共缩聚反应

在AB型缩聚反应体系中，会加入一些BS型单官能团单体参与反应，其中S为惰性端基，且在反应中令AB型单体分批加入，以在反应体系中使AB单体保持较低的浓度，从而得到分子量分布相对较窄的缩聚产物。

在前述聚苯撑醚砜的缩聚反应中常用的AB型及BS型单体结构如图4.15所示。

AB型：Cl—〈〉—S(=O)(=O)—〈〉—O—〈〉—S(=O)(=O)—〈〉—O—K

BS型：Cl—〈〉—S(=O)(=O)—〈〉

图4.15 AB+BS型共缩聚反应的单体结构

为简便计算，假设AB型单体及多聚物之间相互反应的反应速率常数与AB型同BS型单体反应的反应速率常数相等，即假设反应体系中所有物质具有相同的反应活性。

假设每次AB型单体的投料量都为初始的BS型单体的1/5，分别比较在30次投料和72次投料的情况下，所得到的缩聚产物与同等反应程度下Flory分布的区别。蒙特卡洛方法模拟的结果如图4.16所示。

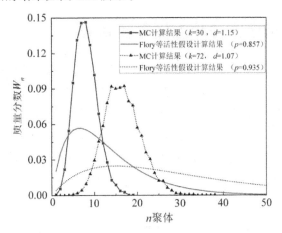

彩图效果

图4.16 蒙特卡洛方法模拟AB+BS型缩聚反应在不同加入单体情况下的聚合度分布

二维码 4.10

可以看到，72次投料下的缩聚产物分子量低于30次投料下的缩聚产物分子量。图4.17给出了蒙特卡洛方法模拟出的分子量分布指数与单体加入次数的关系曲线。

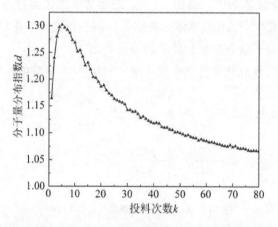

图 4.17   蒙特卡洛方法模拟 AB+BS 型缩聚反应加入单体次数与产物分子量分布指数的关系

二维码 4.11

4.4   蒙特卡洛方法中的样本复制法

在利用蒙特卡洛方法模拟反应动力学时，初始反应物的分子数目直接影响了最终结果的精确程度，初始反应物分子数越多，最终模拟结果的精确度越高。但是，初始反应物分子数的增加带来的是运算步骤的迅速增多，从而导致计算量和耗时迅速上升。模拟结果的精确度与计算耗时之间存在着负相关的关系。聚合反应随着聚合的进行，体系中的分子总数显著下降，反应后期体系中各物种种类与数量都可能通过简单地复制倍增，扩大样本量，从而改善上述矛盾。

样本复制法通过将模拟过程中某一时刻的状态扩大 n 倍，即对样本进行复制来增加参与统计的样本数目，从而在尽量减少计算机模拟耗时的基础上提高模拟精度。它具有耗时短、精度高、可保留所有统计数据（如分子量分布、反应过程、反应概率等）及减少反应时间间隔等优点。

接下来，我们以例 4-5 中提及的等活性 AB 型缩聚反应为例，来比较利用样本复制法和原方法之间的耗时长短。

（1）设反应的初始 AB 型单体分子数为 100000，当反应程度达到 $p=0.5$ 时，体系中总的分子数为 50000。

（2）在 $p=0.5$ 时，将体系中不同聚合度的反应物分子数扩大 4 倍（$n=5$），则此刻体系中的分子总数为 250000。即相当于图 4.18 中曲线 1 经虚线 a 转至曲线 2 状态继续模拟反应，则虚线 a 代表的长度即为此步样本复制所节省的时间。

（3）在 $p=0.75$ 时，体系中分子数为 125000。将该体系再扩大 1 倍（$n=2$），则此刻体系中的分子总数为 250000。即相当于图 4.18 中曲线 2 经虚线 b 转至曲线 3 状态继续模拟反应，则虚线 b 代表的长度即为此步样本复制所节省的时间。

（4）反应发生至某设定的反应程度后（如 $p=0.9$），停止模拟过程。

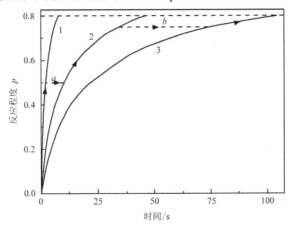

图 4.18　样本复制法的示意图

在图 4.18 中，曲线 1 即为初始 AB 型单体分子数为 100000 时的反应程度与耗时曲线；曲线 2 为初始 AB 型单体分子数为 500000 时（$p=0.5$ 时分子数为 250000）的反应程度与耗时曲线；曲线 3 为初始 AB 型单体分子数为 1000000 时（$p=0.75$ 时分子数为 250000）的反应程度与耗时曲线。可见，经由样本复制法，反应动力学模拟的总耗时有了较大程度的节约。

4.5　蒙特卡洛方法在自由基聚合反应中的应用

在现今的高分子化学产业中，自由基聚合反应具有重要的地位。利用蒙特卡洛方法模拟自由聚合反应的动力学过程，是蒙特卡洛方法应用中的重要内容。

对于一个自由基反应而言，典型的聚合反应包括链引发（见式（4-59））、链增长（见式（4-60）），以及两种链终止反应，即偶合终止（见式（4-61））和歧化终止（见式（4-62））。

链引发： $\qquad A \xrightarrow{k_d} 2R_0$ $\qquad\qquad$ (4-59)

链增长： $\qquad R_n + M \xrightarrow{k_p} R_{n+1}$ $\qquad\qquad$ (4-60)

链终止： $\qquad R_n + R_m \xrightarrow{k_{t,comb}} P_{n+m}$ $\qquad\qquad$ (4-61)

$\qquad\qquad\quad R_n + R_m \xrightarrow{k_{t,disp}} P_n + P_m$ $\qquad\qquad$ (4-62)

其中，k_d 为链引发反应速率常数；k_p 为链增长反应速率常数；$k_{t,comb}$ 为偶合终止反应速率常数；$k_{t,disp}$ 为歧化终止反应速率常数。自由基反应中各反应的反应概率可以表示为式（4-63）~式（4-65），总反应概率如式（4-66）所示，归一化后的反应概率表示为式（4-67）~式（4-69）：

$$a_d = c_d \cdot X_A \qquad\qquad (4\text{-}63)$$

$$a_p(j) = c_p(j) \cdot X_M \cdot X_{R_j} \qquad\qquad (4\text{-}64)$$

$$a_t(i,j) = c_t(i,j) \cdot X_{R_i} \cdot X_{R_j} \qquad\qquad (4\text{-}65)$$

$$a_0 = a_d + \sum_j a_p(j) + \sum_i \sum_j a_t(i,j) \qquad\qquad (4\text{-}66)$$

$$p_d = \frac{a_d}{a_0} \qquad\qquad (4\text{-}67)$$

$$p_p(j) = \frac{a_p(j)}{a_0} \qquad\qquad (4\text{-}68)$$

$$p_t(i,j) = \frac{a_t(i,j)}{a_0} \qquad\qquad (4\text{-}69)$$

自由基反应的蒙特卡洛方法动力学模拟算法与第4.2节介绍的内容类似：

（1）输入反应速率常数 k 及反应物初始分子数 X，初始化随机数发生器；

（2）计算该时刻各个反应的概率 p；

（3）生成随机数，计算反应时间 τ，确定反应类型 R_μ；

（4）根据反应类型调整各反应物分子数目；

（5）记录所需数据，如 $N(i)$、$w(i)$、$\langle M \rangle_n$、$\langle M \rangle_w$ 等；

（6）重复步骤（2）至步骤（5），待反应发生至预设时间或预设反应程度后即停止模拟。

我们以一个最基本的自由基聚合反应作为蒙特卡洛方法模拟微观聚合动力学的实例。

　　自由基反应仅由链引发、链增长及链偶合终止组成，不考虑链转移和链歧化终止等因素，且反应符合 Flory 等活性假设。已知 $k_p = 100 \, L/(mol \cdot s)$，$k_t = 1 \times 10^7 \, L/(mol \cdot s)$；$k_d$ 分别取 10^{-4}、5×10^{-5}、$10^{-5} \, s^{-1}$。

　　利用蒙特卡洛方法考察单体转化率与时间的关系、结合终止产物链长分布、平均动力学链长与引发剂和单体浓度之间的关系等，其模拟结果如图 4.19～图 4.22 所示（除特别标出的反应数据外，其余反应数据与前述自由基聚合反应相同）。

　　利用解析方法求解需要稳态假设（具体可详见《高分子化学》等相关理论教材），自由基聚合反应动力学符合式（4-70），模拟结果如图 4.19 所示，与解析法计算结果一致。初始引发剂浓度 $[A]_0$ 与聚合速率 $\ln([M]_0/[M])$ 为 0.5 次方关系。

$$\ln \frac{[M]_0}{[M]} = k_p \sqrt{\frac{k_d [A]_0}{k_t}} \cdot t \tag{4-70}$$

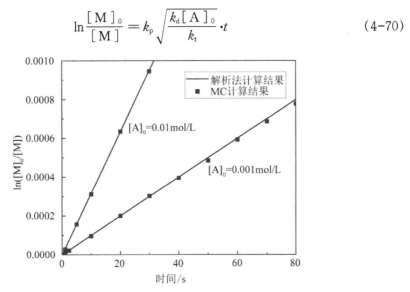

图 4.19　蒙特卡洛方法模拟自由基聚合反应动力学，不同引发剂浓度 $k_p = 100 \, L/(mol \cdot s)$，
$k_t = 1 \times 10^7 \, L/(mol \cdot s)$，$k_d = 10^{-4}/s$

二维码 4.12

　　在解析解中，自由基聚合反应中动力学链长 ν 与单体浓度 $[M]$、引发剂浓度 $[A]$ 分别为一次方、-0.5 次方关系，如式（4-71）所示，模拟结果列示于图 4.20 和图 4.21 中，与解析法计算结果一致。

$$v = k_{\mathrm{p}} \left(2\sqrt{k_{\mathrm{d}} k_{\mathrm{t}}} \right) [\mathrm{M}][\mathrm{A}]^{-0.5} \tag{4-71}$$

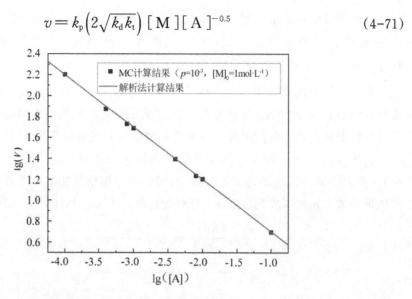

图4.20 蒙特卡洛方法模拟自由基聚合反应动力学,动力学链长 v 与引发剂浓度[A]的关系,p 为反应进度

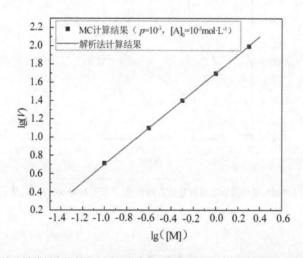

图4.21 蒙特卡洛方法模拟自由基聚合反应动力学,动力学链长 v 与单体浓度[M]的关系,p 为反应进度

较长反应时间 (1364s) 后,聚合产物的聚合度分布也与解析结果式 (4-72) 和式 (4-73) 一致,模拟结果列示于图4.22。

$$W_n = \frac{1}{2} n^2 p^{n-2} (1-p)^3 \tag{4-72}$$

$$p = 1 - \frac{2}{\bar{x}_n} \tag{4-73}$$

其中,W_n 为重量分布函数;$\bar{x}_n$ 为数均聚合度;n 为聚合度。

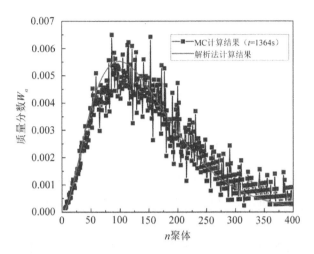

彩图效果

图 4.22 蒙特卡洛方法模拟自由基聚合反应动力学，不同聚合度的重量分布函数

二维码 4.13

4.6 偏倚抽样法

在自由基反应动力学的蒙特卡洛方法模拟过程中，假设在某时刻反应体系中自由基浓度为 $[R] = 1 \times 10^{-8} \, mol/L$，单体浓度 $[M] \approx 1 \, mol/L$，各反应的反应速率常数如上文所述，计算发生链增长反应与发生链终止反应的概率之比可得：

$$\frac{p_p}{p_t} = \frac{k_p[R][M]}{k_t[R]^2} = \frac{100 \times 1 \times 10^{-8} \times 1}{10^7 \times (1 \times 10^{-8})^2} = 1000 \tag{4-74}$$

就是说，发生 1000 次反应，很可能一次链终止反应都不发生。由于引发反应的 k_d 和引发剂浓度都很小，链引发反应发生的概率也远远小于链增长反应。由此可见，大量的计算时间都浪费在重复的聚合链增长步骤上。

偏倚抽样法的基本原理是对小概率事件进行加权，令反应通道中各个反应发生的概率相互接近，再对大概率抽样的结果进行加权数的校正，以补偿对小概率事件的加权偏倚。

偏倚抽样法的具体算法如下所示：

（1）分别计算各反应发生的概率，并对小概率事件的概率扩大 c' 倍，则式（4-66）～式（4-69）可以变为式（4-75）～式（4-78）。

$$a'_0 = a_p + c' \cdot (a_d + a_t) \tag{4-75}$$

$$p'_d = \frac{c' \cdot a_d}{a'_0} \tag{4-76}$$

$$p'_p = \frac{a_p}{a'_0} \tag{4-77}$$

$$p'_t = \frac{c' \cdot a_t}{a'_0} \tag{4-78}$$

（2）若随机数落在 p'_d 或 p'_t 区域，则发生一次链引发或链终止反应；若随机数落在 p'_p 区域，则发生 c' 次链增长反应，而这 c' 次链增长反应在反应体系中各活性自由基上随机发生反应。

偏倚抽样的校正方法将 c' 次链增长的反应时间用一次随机取样作为平均值代替了，这样当样本量足够大的时候偶然误差是可以抵消的。

4.7 蒙特卡洛方法在活性自由基反应动力学中的应用

由于传统的自由基反应中存在大量不可逆的链终止反应，所得产物的分子量分布宽，且产物的官能团分布难以控制。活性自由基聚合反应（以 ATRP 为例）的原理是引入某种休眠剂，可以与链自由基发生反应，生成自由基的休眠种，该休眠种可以重新可逆分解为具有增长活性的链自由基。活性自由基反应的反应过程可以用式（4-79）~式（4-81）表示：

$$SR(j) \underset{k_{-f}}{\overset{k_f}{\longleftrightarrow}} S + R(j) \quad j = 1, 2, \cdots, n \tag{4-79}$$

$$R(j) + M \overset{k_p}{\longrightarrow} R(j+1) \tag{4-80}$$

$$R(i) + R(j) \overset{k_p}{\longrightarrow} P(i+j) \quad \text{或} \quad P(i) + P(j) \tag{4-81}$$

其中，SR 表示休眠链；S 表示休眠剂。

若直接利用模拟传统自由基反应动力学的蒙特卡洛方法来模拟上述活性自由基反应就会发现，发生休眠链与休眠剂之间相互转化的可逆反应的概率远大于发生链增长、链终止反应的概率。假设 $[M] = 1\,mol/L$，$\sum\limits_{j} R(j) = 10^{-7}\,mol/L$，$[S] = 10^{-4}\,mol/L$，则各反应概率大约为：

$$R_p = k_p[M] \sum_{j} R(j) \approx 2 \times 10^{-5} \tag{4-82}$$

$$R_t = k_t \left(\sum_{j} R(j) \right)^2 \approx 5 \times 10^{-8} \tag{4-83}$$

$$R_f = k_f \sum_{j} SR(j) \approx 10^{-4} \tag{4-84}$$

$$R_{-\mathrm{f}} = k_{-\mathrm{f}}[\mathrm{S}]\sum_{j}\mathrm{R}(j) \approx 10^{-3} \tag{4-85}$$

可见，自由基与休眠种之间的可逆反应概率是链增长、链终止反应概率的 1000 倍以上。如果直接用蒙特卡洛方法模拟，大量的随机数将落在 R_{f} 与 $R_{-\mathrm{f}}$ 区间，即发生休眠链与休眠剂之间的相互转化。然而，休眠链的可逆反应不消耗单体，且不影响体系中的反应物浓度，因此降低了计算效率，浪费计算时间。

He 等（1997）提出了一种混合模型以改进上述缺陷，他们假设休眠链可逆反应的平衡可在单位反应时间 τ 内建立。在此假设下，参加该可逆反应的分子满足：

$$\frac{X_{\mathrm{S}}(t+\tau)\sum_{j}X_{\mathrm{R}(j)}(t+\tau)}{\sum_{j}X_{\mathrm{SR}(j)}(t+\tau)} = \frac{\left(X_{\mathrm{S}}(t)+\Delta\right)\left(\sum_{j}X_{\mathrm{R}(j)}(t)+\Delta\right)}{\sum_{j}X_{\mathrm{SR}(j)}(t)-\Delta} = \frac{k_{\mathrm{f}}^{\mathrm{MC}}}{k_{-\mathrm{f}}^{\mathrm{MC}}} = K_{\mathrm{eq}} \tag{4-86}$$

在此条件下，新生成的自由基 $\mathrm{R}(j)$ 的数目由原休眠种 $\mathrm{SR}(j)$ 的分子数中随机产生，同样，新生成的休眠种 $\mathrm{SR}(j)$ 的数目在原自由基 $\mathrm{R}(j)$ 的分子数中随机产生。这一平衡的可逆反应通道可以表示为：

$$R_{\mathrm{eq}} = R_{\mathrm{f}} + R_{-\mathrm{f}} = k_{\mathrm{f}}\sum_{j}\mathrm{SR}(j) + k_{-\mathrm{f}}[\mathrm{S}]\sum_{j}\mathrm{R}(j) \tag{4-87}$$

再结合上节所提及的偏倚抽样法调节链增长和链终止反应等小概率事件的发生概率，则该反应体系中各反应发生的概率可以表示为：

$$P_{\mathrm{p}} = \frac{c'R_{\mathrm{p}}}{c'\left(R_{\mathrm{p}}+R_{\mathrm{t}}\right)+R_{\mathrm{eq}}} \tag{4-88}$$

$$P_{\mathrm{t}} = \frac{c'R_{\mathrm{t}}}{c'\left(R_{\mathrm{p}}+R_{\mathrm{t}}\right)+R_{\mathrm{eq}}} \tag{4-89}$$

$$P_{\mathrm{eq}} = \frac{c'R_{\mathrm{eq}}}{c'\left(R_{\mathrm{p}}+R_{\mathrm{t}}\right)+R_{\mathrm{eq}}} \tag{4-90}$$

再经由上述提及的蒙特卡洛模拟算法，即可以较高的计算效率计算出活性自由基聚合反应的动力学过程。具体论证过程详见本章参考文献[4-1]，这里不再赘述。

4.8　蒙特卡洛方法在共聚合研究中的应用

共聚合反应是由两种及以上不同单体进行聚合的反应。研究共聚合反应有助于控制聚合物的组成和结构，调控聚合物的性能，以满足各种不同的需求。对于高度复杂的实际共聚体系，难以在理论上进行严格的解析处理，但可以基于一定的假设建立简化的模型来分析共聚物的组成及其序列分布。利用蒙特卡洛模拟方法能够记录每一个单体的插入，每一条分子链的组成和序列，能提供实验中难以获得的静态数据，从而验证模型假设的合理性，研究聚合反应的机理。

传统的蒙特卡洛模拟方法首先需要建立共聚反应的基本概率模型，简单的概率模型有 Bernoulli 模型和 Markov 模型等。对一条共聚物分子链进行模拟之后，重复多次，并统计其平均值，能够获得更高的统计精度。下面我们先以 Markov 模型为例简要介绍单链模拟方法，再以一个具体实例说明如何对大量具有多分散性的活性链同时增长的共聚合过程进行多链模拟。

4.8.1 单链模拟方法

Markov 模型是指体系某一时刻的状态与该时刻之前的状态有关的模型。一般的 Markov 模型为一阶 Markov 过程，即体系某一时刻的状态仅取决于体系前一时刻的状态，而与更早时刻的状态无关，这一性质称为 Markov 性质。

以二元共聚为例，假设链增长反应不可逆且具有末端效应，那么链增长反应可用如式（4-91）所示的四种反应来表示：

$$
\begin{aligned}
&\sim M_1^* + M_1 \xrightarrow{\ k_{11}\ } \sim M_1^* \\
&\sim M_1^* + M_2 \xrightarrow{\ k_{12}\ } \sim M_2^* \\
&\sim M_2^* + M_1 \xrightarrow{\ k_{21}\ } \sim M_1^* \\
&\sim M_2^* + M_2 \xrightarrow{\ k_{22}\ } \sim M_2^*
\end{aligned}
\tag{4-91}
$$

竞聚率被定义为：

$$
r_1 = k_{11}/k_{12}, \quad r_2 = k_{22}/k_{21}
\tag{4-92}
$$

假设链增长反应速率常数在反应过程中不变，共聚物的化学组成取决于链增长反应，链引发、链转移和链终止的影响可以忽略，则由状态 $\sim M_1^*$ 变化为 $\sim M_2^*$ 的转移概率可表示为：

$$
P_{12} = \frac{k_{12}[\sim M_1^*][M_2]}{k_{11}[\sim M_1^*][M_1] + k_{12}[\sim M_1^*][M_2]} = \frac{[M_2]/[M_1]}{r_1 + [M_2]/[M_1]}
\tag{4-93}
$$

其中，$[M_i]$（$i=1,2$）表示体系中两种单体的浓度。类似地，其余三个转移概率可分别表示为：

$$
P_{11} = 1 - P_{12} = \frac{r_1}{r_1 + [M_2]/[M_1]}
\tag{4-94}
$$

$$
P_{21} = \frac{k_{21}[\sim M_2^*][M_1]}{k_{22}[\sim M_2^*][M_2] + k_{21}[\sim M_2^*][M_1]} = \frac{[M_1]/[M_2]}{r_2 + [M_1]/[M_2]}
\tag{4-95}
$$

$$
P_{22} = 1 - P_{21} = \frac{r_2}{r_2 + [M_1]/[M_2]}
\tag{4-96}
$$

二元共聚 Markov 模型的转移概率之间的关系如图 4.23 所示。

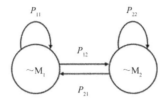

图 4.23　二元共聚 Markov 模型的转移概率之间的关系

相应地，转移概率矩阵如式（4-97）所示。

$$P = \begin{bmatrix} P_{11} & P_{12} \\ P_{21} & P_{22} \end{bmatrix} \tag{4-97}$$

蒙特卡洛模拟具体算法描述如下。

（1）设定两种单体的数量、体系的体积、各链增长反应速率常数和增长链的第一个单元 $\sim M_i^*$，计算出单体浓度 $[M_i]$、竞聚率 r_i 以及状态转移概率 P_{ij}（$i=1, 2; j=1, 2$）。

（2）生成单位区间内均匀分布的随机数 ξ，如果满足：

$$\xi < P_{i1} \tag{4-98}$$

则说明增长链 $\sim M_i^*$ 与单体 M_1 反应，生成 $\sim M_1^*$；反之，若 $\xi > P_{i1}$，则表明增长链 $\sim M_i^*$ 与单体 M_2 反应，生成 $\sim M_2^*$。

（3）更新两种单体的数量和分子链链长，重新计算单体浓度、竞聚率以及状态转移概率，返回步骤（1）继续进行模拟直到共聚反应结束。

（4）模拟结束的条件可根据需要设置，如分子链达到所需的链长或者单体转化率达到一定的大小等。

采用类似的蒙特卡洛模拟算法能够对多元共聚合反应以及具有逆反应的共聚体系进行研究，也可以研究聚合物的立构规整性。

4.8.2　多链模拟方法

凌君等（2002）利用蒙特卡洛模拟方法研究了 2,2-二甲基三亚甲基环碳酸酯（DTC）和 ε-己内酯（ε-CL）开环共聚合的高分子链的链节结构，该模拟联系实际共聚合反应的真实过程，仿真模拟了体系中具有大量多分散性活性链同时增长的共聚合过程，在较好地重现了实验数据的同时提供了丰富的微观链节信息。

在仿真实验中，同时增长的 N 条多分散性活性链的模拟采用凝胶渗透色谱（GPC）进行数据处理。假设聚合物分子量的重量微分分布函数 $W(M)$ 可用对数正态分布函数表示为：

$$W(M) = \frac{1}{\beta\sqrt{\pi}}\frac{1}{M}\exp\left(-\frac{1}{\beta^2}\ln^2\frac{M}{M_p}\right) \tag{4-99}$$

则聚合物分子量的数量分布函数 $N(M)$ 可以表示为：

$$N(M) = \frac{W(M)}{M} \tag{4-100}$$

在实际共聚合反应体系中，链终止反应不可忽略，因此在蒙特卡洛模拟中引入终止概率函数用于随机判断每条活性链是否发生链终止反应。终止概率函数 $P(M)$ 与数量分布函数 $N(M)$ 的关系如式（4-101）所示。

$$P(M) = \int_0^M N(M)\mathrm{d}M \tag{4-101}$$

对于某条活性链终止链长，由单位区间内随机数 s_1 进行抽样，若 s_1 满足

$$\sum_{u=0}^{q-1}P(M_u) \leqslant s_1\sum_{u=0}^{\infty}P(M_u) < \sum_{u=0}^{q}P(M_u),\ q\geqslant 1 \tag{4-102}$$

则该链具有 M_q 的分子量。这一分子量是该活性链进行模拟反应前的预设分子量，并不一定是最终的分子量，在活性链每次与一个新单体反应之后需再产生随机数 s_1 并按式（4-102）进行一次抽样判断，若满足不等式的 M_q 与活性链当前分子量相同，则该活性链发生链终止反应不再增长。

聚合物链长具有多分散性，故在蒙特卡洛模拟中需要引入一个表征"增长动力"的权重函数 $V(i,t)$，其含义为第 i 条高分子链在 t 时刻具有的单体增长权重，随着分子量的增大，聚合物链的自由运动能力减小，链增长速率降低，具有的单体增长权重也逐渐下降。定义第 0 条高分子链的增长概率为 0，则权重函数 $V(i,t)$ 可定义为：

$$V(i,t) = M_i^q - M_i^t,\ 1\leqslant t\leqslant N \text{且} V(0,t) = 0 \tag{4-103}$$

其中，M_i^q 为此链通过随机数 s_1 抽样所具有的分子量，M_i^t 为此链在 t 时刻下的分子量。

在时刻 t，由单位区间内随机数 s_2 进行抽样，若 s_2 满足：

$$\sum_{j=0}^{i-1}V(j,t) \leqslant s_2\sum_{j=0}^{N}V(j,t) < \sum_{j=0}^{i}V(j,t),\ 1\leqslant i\leqslant N \tag{4-104}$$

则表示第 i 条链在进行增长。

对于第 i 条增长链，用随机数 s_3 判断与增长链反应的单体种类，判断方法详见第 4.8.1 节单链模拟，在此不再赘述。

蒙特卡洛模拟的具体算法程序流程如图 4.24 所示。

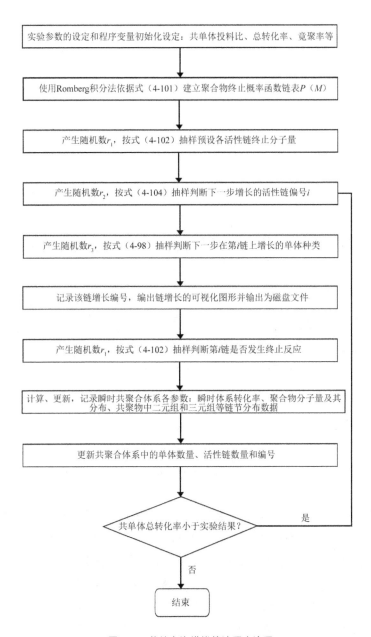

图 4.24　蒙特卡洛模拟算法程序流程

　　通过对比模拟结果和实验结果，可以验证算法和模型的可靠性，而可靠的模拟过程有助于理解反应的机理和共聚物的微观结构。表 4.2 列出了模拟数据和实验数据，可以看出模拟结果在各转化率下都与实验较为吻合，表中 w、x、y、z 代表共聚物在核磁共振图谱（^{1}H-NMR）中相应的信号峰，如图 4.25 所示。

表4.2　模拟数据和实验结果对比

序号	转化率（%）	重均分子量 $M_w \times 10^{-4}$	分子量分布	聚合物中的DTC含量	w/z	x/z	y/z
1	5.14	1.55	1.69	96.7	1.381[①]		61.40
	模拟结果	1.49	1.63	96.7	1.015	0.096	63.58
2	6.23	2.20	2.42	95.0	1.009[①]		35.15
	模拟结果	2.13	2.34	94.8	1.014	0.135	40.57
3	3.28	—	—	92.2	1.216[①]		34.94
	模拟结果	1.09	1.43	92.1	1.022	0.206	27.51
4	37.95	1.78	1.49	82.9	1.102	0.414	13.70
	模拟结果	1.73	1.47	87.1	1.021	0.362	17.77
5	30.6	2.21	1.46	82.5	1.011	0.334	10.82
	模拟结果	2.27	1.50	83.1	1.018	0.465	13.62
6	10.12	1.38	1.35	82.0	1.056	0.380	11.59
	模拟结果	1.38	1.35	75.6	1.021	0.659	9.40

注：①在核磁谱上无法区分 w 和 x 的信号，该值为 w/z 和 x/z 两者之和。

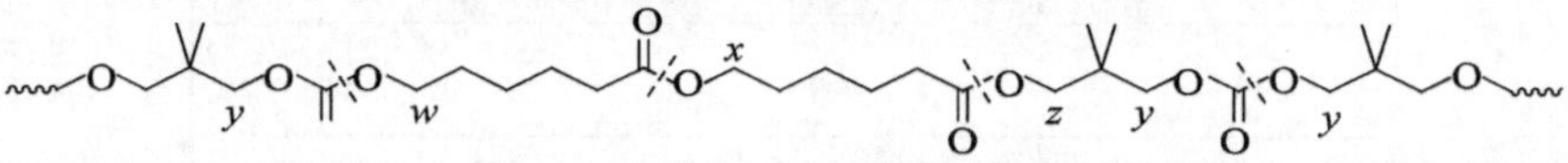

图4.25　DTC-co-ε-CL共聚物的 ^{1}H-NMR图谱结构归属

在蒙特卡洛模拟中，共单体总转化率间隔0.20%进行一次数据采集，记录表4.2中各次共聚合模拟的瞬时CL单体含量（f_C）、瞬时进入活性链的CL链节百分比（F_C）、二元组和三元组的含量。模拟结果和实验结果如图4.26和图4.27所示，其中星形点表示实验获得的 ^{1}H-NMR数据，空心圈表示表4.2中低转化率实验（序号1、2、3、6）的模拟数据，实线表示较高转化率实验（序号4、5）的模拟数据，图4.27中 ^{1}H-NMR的二元组分布数据根据式（4-105）计算而得。

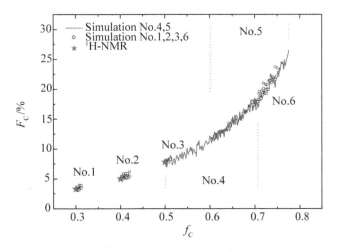

彩图效果

F_C: 共聚物中CL含量；f_C: 单体中CL含量。

图 4.26　不同CL单体比时进入共聚物的CL组成分数

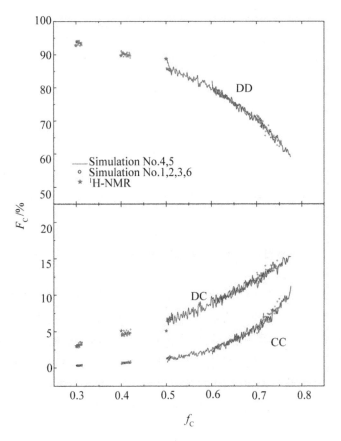

彩图效果

图 4.27　不同CL单体比时共聚物中二元组分布

$$DC\% = \frac{1}{\frac{1}{2}y/z + w/z + x/z + 1}$$

$$DD\% = \frac{\frac{1}{2}y/z}{\frac{1}{2}y/z + w/z + x/z + 1}$$

(4-105)

　　从图4.28中可以看出高转化率实验模拟结果与各组低转化率实验模拟结果的吻合程度很高，模拟也展现了共聚合反应中各参数的变化过程，这表明通过模拟一个具体的高转化率共聚合实验即可准确获得各单体比例下的共聚物微结构。由于DTC和CL在结构上具有一定的相似性，无法直接从 ^{1}H-NMR图谱中获得三元组分布的信息，更无法获得更高阶微结构的分布情况，但在蒙特卡洛模拟中可以方便地获得各种瞬时三元组分布及高阶微结构分布的数据，如图4.28所示。

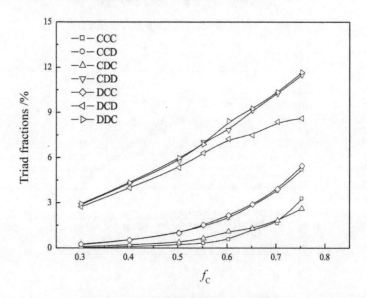

图4.28　不同CL单体比时共聚物中三元组分布

　　图4.29显示了表4.2中第4号模拟中共聚物链上两种单体的分布情况（只随机显示出5000条模拟链中的400条共聚物链的链节结构），每行代表一条共聚物链，每个点代表一个单体链节。模拟结果表明最长的DTC均聚链段聚合度为66，最长的CL均聚链段聚合度为5。尽管DTC与CL的竞聚率有较大差别（$r_{DTC} = 13.43, r_{CL} = 0.20$），但是从图4.29中可以看出，在初始单体比为50/50的条件下，共聚物链中两种单体的分布非常均匀，并没有明显的嵌段共聚倾向。

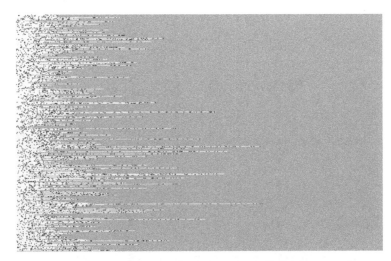

彩图效果

图 4.29 Monte Carlo 模拟 400 条共聚物链结构

注：每一条水平线代表一条共聚物链，黄色点代表 DTC 链节，蓝色点代表 CL 链节。

参考文献

[4-1] He J, Zhang H, Chen J, et al. Monte Carlo simulation of kinetics and chain length distributions in living free-radical polymerization[J]. Macromolecules, 1997, 30(25): 8010—8018.

[4-2] 凌君, 沈之荃, 陈万里. 共聚物多分散体系的 Monte Carlo 仿真算法及应用[J]. 中国科学 B 辑, 2002, 32(4): 308-315.

[4-3] 杨玉良, 张红东. Monte Carlo 方法在高分子科学中的应用[M]. 上海: 复旦大学出版社, 1993.

第5章　高分子科学中的分子模拟方法

5.1　概　述

我们知道，**模拟**即是研究者通过比较简单的数学模型，来近似地计算或预测系统在现实环境下的性质或行为。**分子模拟**是研究者将传统的模拟方法扩展应用于微观层面，在一定的实验基础上，通过特定的基本原理构筑合理的模型或算法，从而计算特定系统中分子的微观结构、状态乃至进一步预测材料性质。它在物质的微观尺度和实验室的宏观世界中架起了一座桥梁，令研究者能够通过提供对分子间相互作用的猜想而获得对系统整体性质的预测。

分子模拟方法的应用最早始于20世纪50年代，主要用于从分子结构出发来预测材料的性质。随着计算机技术的变革性发展和对分子理论的不断更新完善，20世纪80年代以来，分子力场、模拟分子体系的算法等得到了空前的发展。随着1981年 *Journal of Computational Chemistry* 创刊，1983年，哈佛大学 Martin Karplus 教授（2013年诺贝尔化学奖得主）开发出 CHARMM[①] 程序，同年 Michael Levitt 发表核酸分子动力学模拟成果，随后1984年 Peter Kollman 创立了分子力学与分子动力学程序 AMBER，分子模拟逐渐成为一种重要的研究手段。

相比周期长且烦琐复杂的实验手段，分子模拟方法不仅能够对高分子材料的结构和性能进行定性乃至定量的描述，更能够模拟考察现代实验手段尚无法考察的物理现象和物理过程，研究化学反应的路径和机理等问题，从而在大幅度降低成本和减少研究时间的基础上，开发研究者所需要的新化合物和新材料。所以，分子模拟方法已然在高分子设计、药物合成等领域有着广泛的应用，极大地推动了材料科学的研究和发展。

常用的分子模拟方法主要包括以下四类：量子力学方法（quantum mechanical calculation）、分子力学方法（force field）、分子动力学方法（molecular dynamics）、分子蒙特卡洛方法（Monte Carlo simulation）。在本章中，由于篇幅有限，我们将仅

---

①CHARMM（chemistry at Harvard macromolecular mechanics）是一款被广泛承认并应用的分子动力学模拟程序。

对以上分子模拟方法予以简要的介绍。

5.2 量子力学方法

量子力学方法根据原子内核与电子之间的相互关系来描述分子状态，根据核的最小能级排列来描述分子构象。由于量子力学方法可以明确地描述模型中的电子状态，因此，可以通过量子力学方法来预测某些取决于电子分布的性质，特别是包含了键的断裂和重组过程的化学反应。

所有量子力学方法的原理都可以追溯到薛定谔方程（Schrödinger equation），其在多核多电子体系中的表达式如式（5-1）所示：

$$\hat{H}\psi = E\psi \tag{5-1}$$

其中，$\hat{H}$ 是汉密尔顿（Hamilton）运算符，求算了处于原子核一定距离处的电子的动能和势能；E 为研究体系的能量；ψ 则是粒子运动状态（位置）的波函数。薛定谔方程是一个二阶偏微分方程。在最简单的氢原子体系中（即单个粒子在三维空间内），薛定谔方程可以精确求解，其计算得到的总电子密度亦被 X 射线衍射实验所证实。然而，即使是在氦原子和氢分子等简单的多电子体系中，薛定谔方程也并不能被精确求解，需要引入一些预设条件来近似求算其数值解。

随着计算机的迅速发展，量子力学方法从最开始仅仅对单原子、双原子或高对称体系的预测，发展到现今对接近实际的体系的计算模拟。它实现了量子物理学对原子、分子乃至反应中间体中的电子排布情况的理论描述和预测。从量子力学入手获取分子结构、内部电子排布等信息，可以结合具体的实验来研究分子结构对实验结果的影响。

密度泛函理论（density functional theory，DFT）是一种量子力学计算方法，在物理、化学及材料科学中用于研究多体系统的电子结构（electron structure）。在传统的量子力学方法中，电子被描述为依赖于轨道的波函数，通过考虑电子相关等因素得到多电子体系的近似解。而在 DFT 中，电子被描述为电子密度的空间函数（或泛函）。

DFT 以材料电子结构的 Thomas-Fermi 模型和两个 Hohenberg-Kohn（H-K）定理为基础。两个 H-K 定理由 Walter Kohn 和 Pierre Hohenberg 提出。第一定理证明了多电子体系可以通过电子密度的三维空间函数唯一确定；第二定理定义了系统的能量泛函，并证明了体系为基态时能量最小（即可以通过变分方法确定基态能量）。

随后，Walter Kohn 和 Lu Jeu Sham 建立了 Kohn-Sham 密度泛函理论（Kohn-Sham DFT）。该理论将处在静态外部静电势中的多电子相互作用问题简化为无相互作用的电子在有效势场中的运动问题。基于该框架，DFT 计算

体系能量 E 是电子密度 r 的函数：

$$E(\rho) = T(\rho) + V(\rho) + U(\rho) + E_{xc}(\rho) \tag{5-2}$$

等式右侧依次为电子动能项、核-电子势能项、库伦相互作用能项、交换-相关（exchange-correlation）能项。在相同体系和初态结构下，较之于传统计算方法，DFT具有较快的计算速率，这得益于DFT包含的变量数明显下降。在DFT中，电子密度仅是空间坐标的函数，N 电子体系只包含 $3N$ 个变量。

20世纪70年代以来，DFT被广泛应用于固体物理计算中。但由于其精度的问题，特别是交换-相关能项(即 E_{xc})存在较大误差，直到20世纪90年代获得较好的近似估计之后，DFT才被广泛应用于量子化学领域。对于交换-相关能项的估计，在物理学中最广泛使用的是局域密度近似（LDA），其认为该项能量仅取决于对应坐标处的能量密度。加入了自旋考虑的LDA被称为LSDA。在LSDA中，通过拆分交换-相关能项，可以得到与电子密度1/3次正相关的Dirac交换能项和与电子自旋对相关的相关能项，后者可以通过量子蒙特卡洛方法较精确地求得。由于LDA采用了均匀电子密度假设，故其常会低估交换能而高估相关能。为校正这个问题，常使用含有密度梯度的广义梯度近似（GGA）来代替LDA，并通过引入电子密度的二阶导数（meta-GGA）来得到更加精确的结果。

随着实验数据和精确计算结果的积累，人们衍生出了很多基于拟合的新方法。如最广泛应用的混合泛函，就是将各种方式计算出的交换项和相关项线性组合，通过对已有结果拟合获得对应的系数。不同的组合方法和组合系数被记为不同的名称，如B3LYP。

通过DFT计算，我们可以获得分子的结构参数、热力学相关数据，并且结合其他理论，我们可以研究化学反应的机理（包括中间体、过渡态和势能面等等），分子轨道特性、化学反应动力学参数等。DFT是从分子层面认识化学反应的重要手段之一。

目前已有Gaussian、ADF、Material Studio等商用软件可以用DFT方法来计算物质的优化结构和电子排布等，具体使用方法请参考各软件的使用说明。

本章参考文献[5-6]是一个用DFT方法计算环醚的环张力的例子，简单示范了理论计算方法在高分子化学教学方面的应用。这可以作为课外练习，请有兴趣的读者自行模拟验证。

下面举一个科研实例。

一般认为，伯胺引发 α-氨基酸-N-羧酸酐（NCA）的反应仅包括简单的三步反应：羰基亲核加成反应（a）、单体开环反应（b）以及脱羧反应（c），如图5.1所示。

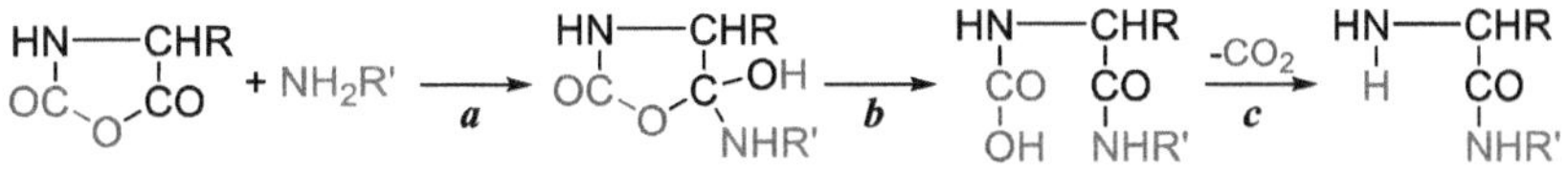

R，R′=氢原子、烷基或芳基

图5.1　NCA环裂解的一般机理

然而，通过量子力学模拟我们发现，这个反应的反应机理远比想象得复杂（见图5.2、图5.3），一共包含了涉及9个中间体、6个过渡态的复杂化学反应过程。此外，计算结果还确认了该反应的决速步反应是氨基对NCA上5-位羧基的亲核进攻。

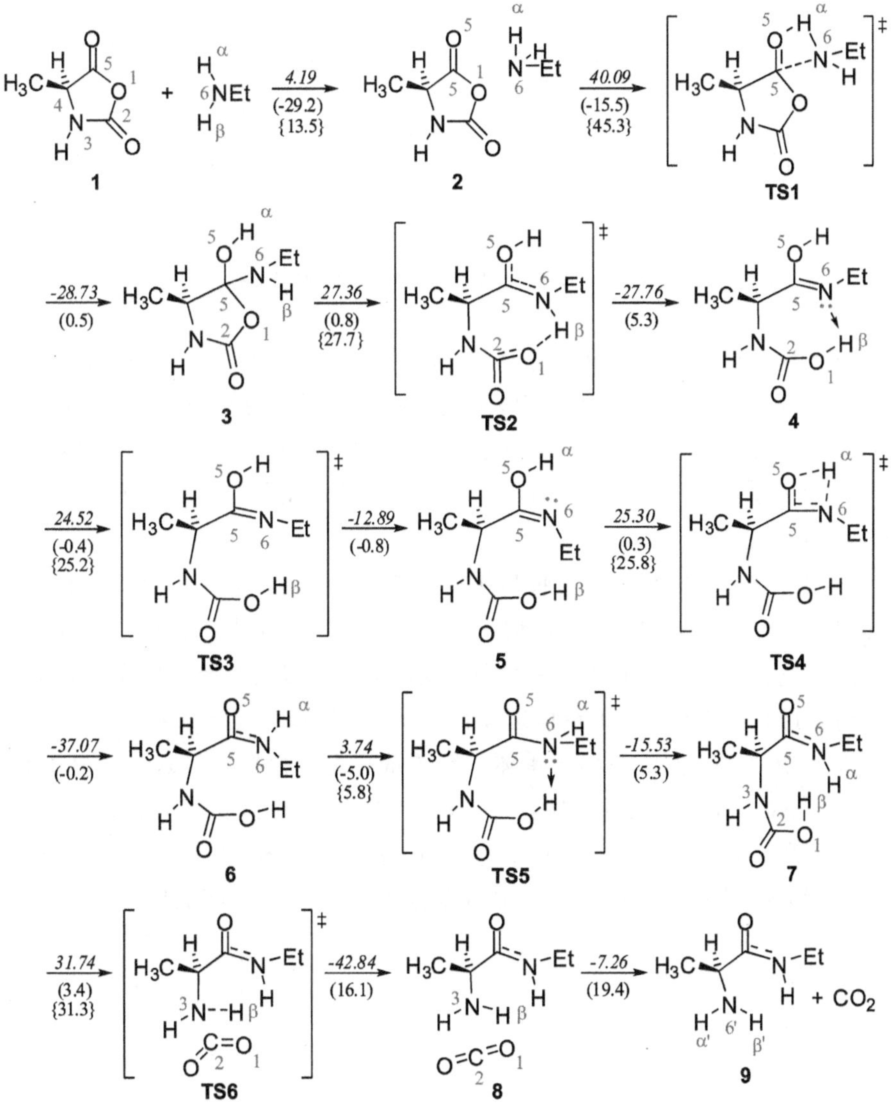

图5.2　伯胺引发NCA开环反应机理

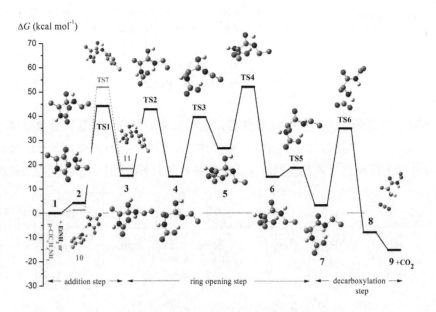

图 5.3 伯胺引发 NCA 开环反应吉布斯自由能

　　进一步深入研究发现，NCA 开环聚合的开环步骤（第二步）存在着更为简单的反应路径。通过对仲胺引发 NCA 开环聚合的量子力学模拟，我们发现开环步骤中质子迁移可不借助 N 原子孤对电子直接进行，从而得到如图 5.4 所示的新反应路径，其开环步骤能垒更低，所以更为有利。与之前的结果相同，其反应决速步是氨基对 5-位羧基的亲核进攻。

　　当使用胺作为引发剂时，伯胺和仲胺虽然位阻不同，但在实验中却表现出类似的聚合动力学特征（见图 5.5）。我们采用乙胺和二甲胺作为伯胺和仲胺的模型进行对比，发现它们具有类似的能量曲线图，反应的决速步均为羰基加成且对应的能垒大小接近，即它们具有类似的反应速率，这很好地解释了实验结果。

　　在此基础上，我们对不同的单体进行了量子力学模拟，可以发现丙氨酸 NCA 和肌氨酸 NNCA 作为同分异构体，具有类似的反应路径和相同的决速步。通过 Erying 方程和 RRKM 理论，我们可以建立计算的能垒值和实际反应体系速率之间的关系，计算结果表明丙氨酸 NCA 比肌氨酸 NNCA 具有更高的反应活性。

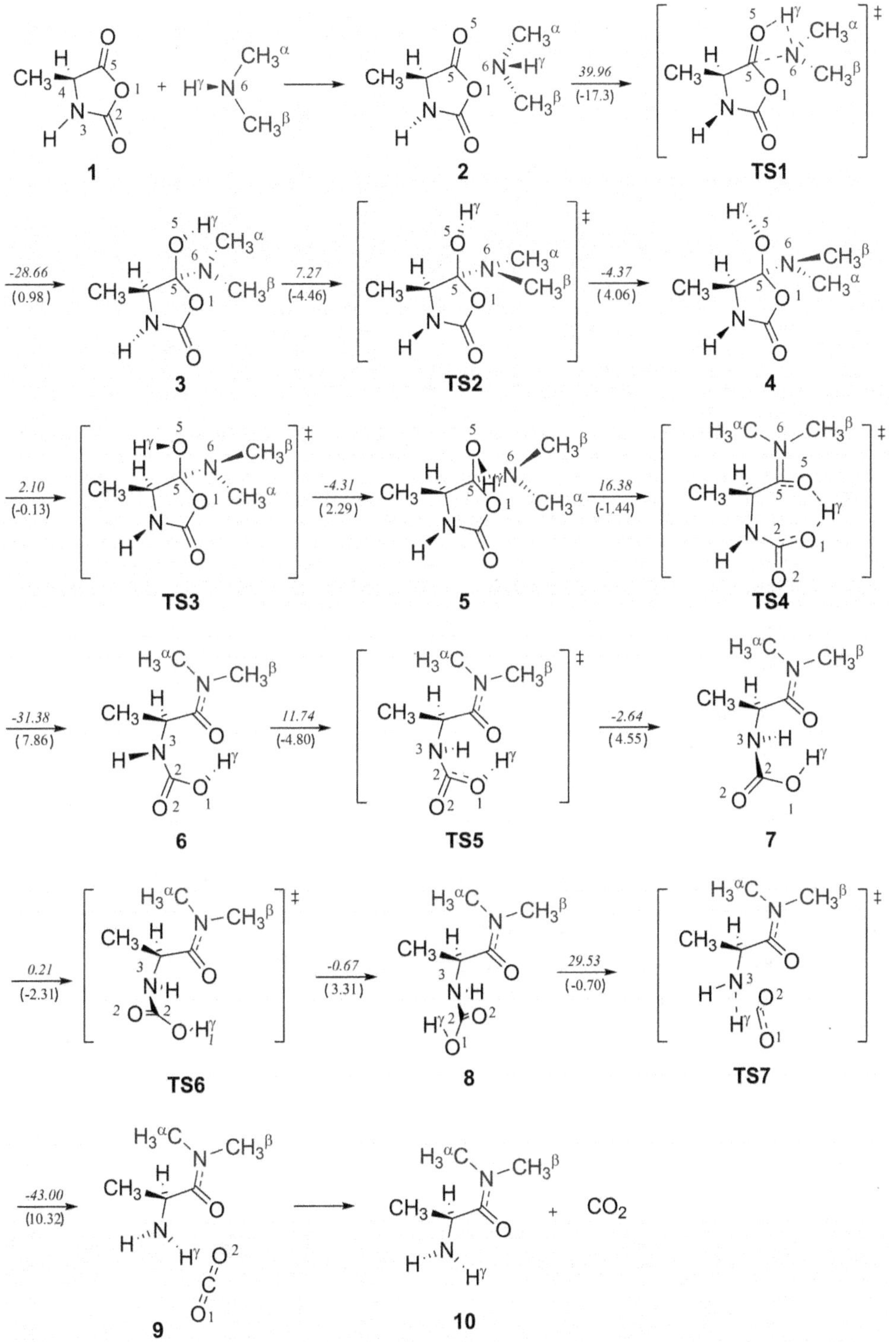

图5.4　伯胺与仲胺引发NCA开环反应机理

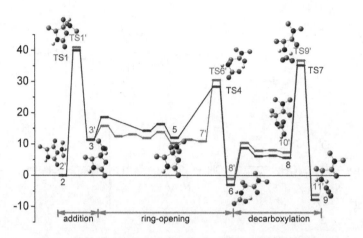

图 5.5　伯胺与仲胺引发NCA开环反应机理的吉布斯自由能对比

　　当胺引发剂不再是简单的烷基取代胺，而是存在其他基团取代的情况下，反应过程是否会有变化呢？我们研究了三甲基硅基甲胺（TMS–NH(CH₃)）引发NCA开环聚合的机理过程，其机理如图5.6所示。由于TMS和质子在初始的羰基加成过程中都能够转移，我们首先通过计算发现TMS转移的能垒比质子更低，确定了转移基团为三甲基硅基。TMS的存在降低了脱羧过渡态的极性，使得该体系中脱羧的能垒反而低于羰基加成，决速步发生了转移。

　　除了反应的引发剂，我们也研究了不同取代基的单体在聚合过程中的动力学特征（见图5.7）。通过研究胺基引发一系列烷基取代NNCA单体聚合的机理，我们发现烷基取代基的结构能够通过两种不同方式影响聚合动力学：对于b–C支化的NNCA单体，位阻大小是决定因素；而对于线性取代基或是g–C支化的单体，其侧链的分子间作用力诱导其凝胶化或者结晶才是决定因素。

　　对以上研究有兴趣的读者可以参考本章后所附参考文献[5-1]～[5-4]。

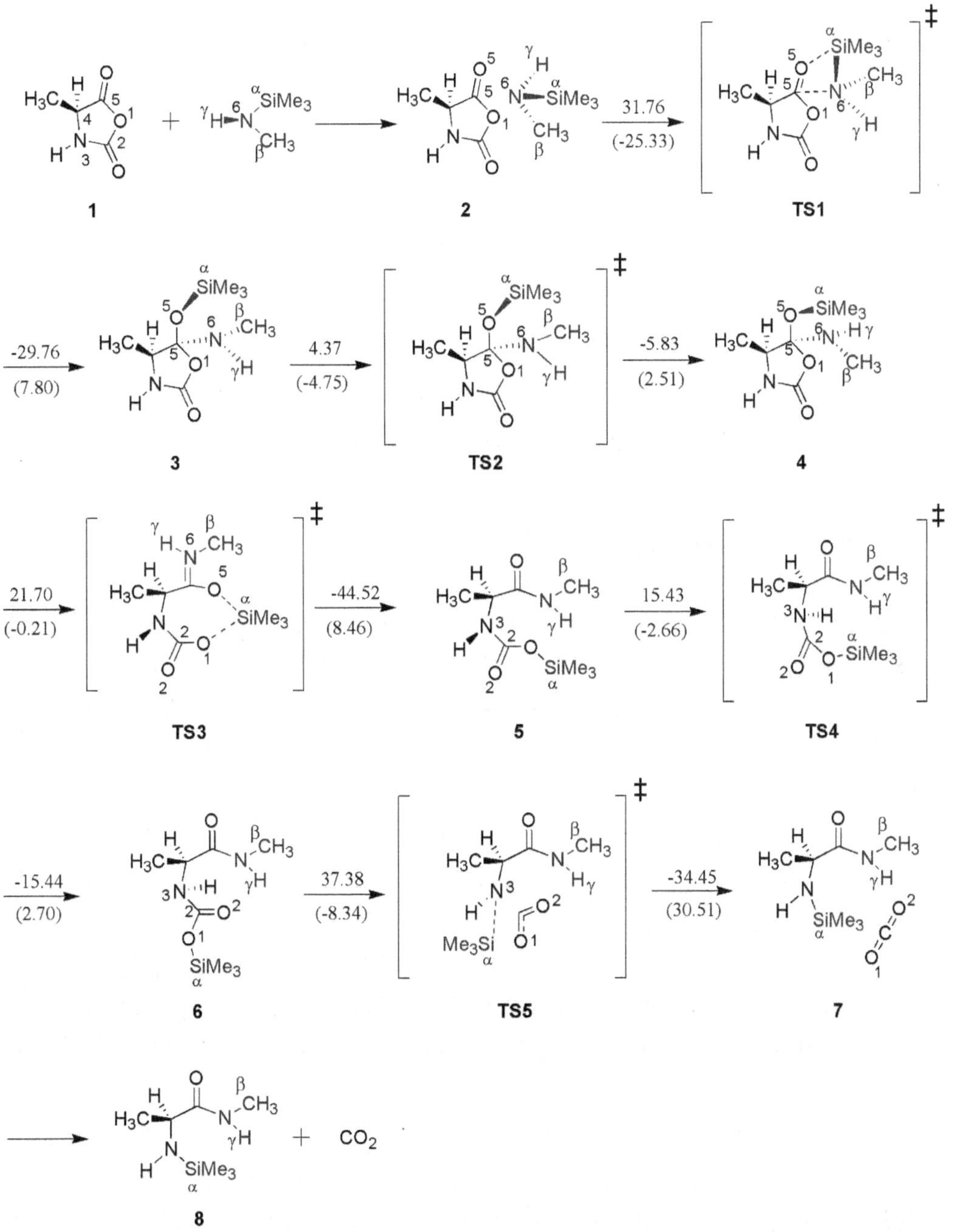

图 5.6　三甲基硅基甲胺引发 NCA 开环反应机理

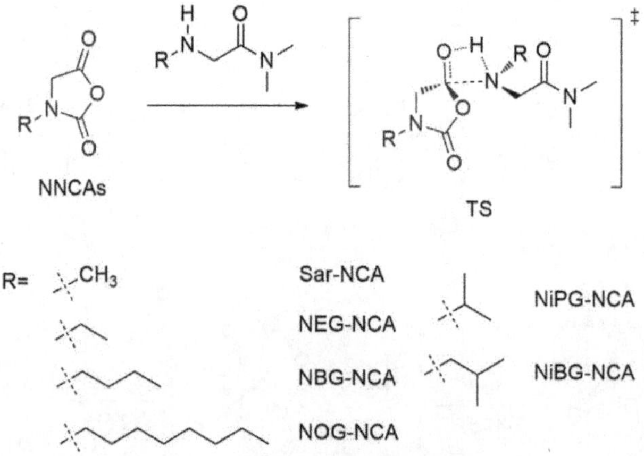

图5.7　NNCA聚合活性随取代基的影响

5.3　分子力学方法

随着材料体系中原子数的逐渐增加，若利用上文中提及的包含了所有电子运动状态的量子力学方法对材料体系进行模拟，运算量将呈几何级上升，所需的运算时间也将大大延长。然而，若在量子力学模拟中忽略部分电子（如利用半经验方程解薛定谔方程），我们仍旧能够在节省运算时间的情况下得到大量粒子体系的较为准确的性质。

分子力学模拟则为上述问题提供了一个可行的解决方案。分子力学模拟是一种利用经典力学的方法来描述静态分子的结构与几何变化的方法，其依赖于分子力场的计算。玻恩-奥本海默近似（Born-Oppenheimer approximation）认为，由于原子核的质量要比电子大很多（一般要大3到4个数量级），因而在同样的相互作用下，原子核的动能比电子也小得多，可以忽略不计。在此基础上，分子力学模拟忽略了电子的运动状态，只通过计算与原子核位置相关的体系能量，来对含有大量原子的体系进行模拟预测。

分子力学模拟中的体系势能包括分子内相互作用和分子间相互作用。前者的能量主要取决于共价键的伸缩振动、键角弯曲、键的扭转等行为，而后者则包括电荷间的静电力和分子间的范德华力。分子内相互作用和分子间相互作用都取决于原子间距离的变化。因此，通过对分子力场中势能的变化的计算，研究者可以获得符合分子力场描述的分子结构，包括键长、键角以及相应的二面角等信息。分子力场描述各种键振动形式的计算公式将在第5.4节中具体给出。

5.4　分子动力学方法

5.4.1　分子模型

分子动力学模拟，是一种用来计算符合经典力学定律的体系的平衡和传递性质的方法，其通过模拟分子或原子在一段时间内的运动状态，以动态的观点考察系统随时间演化的行为。

在分子动力学模拟中，分子或原子的轨迹可以通过求解牛顿运动方程得到，而势能则可以由分子间相互作用势能函数或分子力场等计算得到。通过给定的势能函数，分子动力学模拟能够计算在给定原子位置的情况下，各个原子的受力状况；而牛顿定律则能够计算这些力将如何影响对应原子的运动状态。将时间划分为极短的时间步长（一般不超过飞秒，即 10^{-15} 秒），研究者可以在每个时间步长中运用分子力场或势能函数，计算作用于每个原子的力，并通过牛顿运动方程更新每个原子的运动状态（位置和速度等）。这样，研究者即可以得到诸如物质的传输系数、扰动的时间依赖性响应、光谱、流变性质等系统的动力学性质的变化路径。

5.4.2　分子相互作用

分子动力学模拟由对牛顿运动方程的逐步求解组成，其表达式可以简写为：

$$m_i a_i = F_i \tag{5-3}$$

$$F_i = -\frac{\partial}{\partial r_i} U \tag{5-4}$$

为了计算分子或原子运动状态的变化情况 a_i，必须先确定微粒的受力情况 F_i。而微粒的受力情况又由势能 U_{r_i} 对笛卡尔坐标的一阶偏导数计算得到。因此，确定微粒的势能大小是进行分子动力学模拟的前提。

在分子力学一节中我们提到，分子的势能主要由分子内相互作用和分子间相互作用两部分组成。其中，分子内相互作用包括了键伸缩、键角弯曲、键的扭转和键的面外弯曲运动等，而分子间相互作用则主要包括静电力和范德华力两部分。

1.非键接相互作用

体系中微粒的非键接作用力主要包括单个微粒（原子或分子等）受到的外加电场或体系容器壁的作用势能以及双微粒、三微粒乃至多微粒间的相互作用力：

$$E_{\text{non-bond}}(r) = \sum_i E(r_i) + \sum_i \sum_{j>i} E(r_i, r_j) + \sum_i \sum_{j>i} \sum_{k>j} E(r_i, r_j, r_j) + \cdots \tag{5-5}$$

在实际模拟过程中，单个微粒受到的外加电场或容器壁等的作用力一般来说可以忽略不计，对非键接作用力的计算主要集中于双微粒间的相互作用能上，对三微粒、四微粒乃至多微粒的相互作用能则采取简化处理，予以忽略。而双微粒间的相互作用能可以近似地用兰纳-琼斯势能函数（Lennard-Jones potential function）描述：

$$E_V = \varepsilon\left[-2\left(\frac{r_m}{r}\right)^6 + \left(\frac{r_m}{r}\right)^{12}\right] = 4\varepsilon\left[-\left(\frac{\sigma}{r}\right)^6 + \left(\frac{\sigma}{r}\right)^{12}\right] \tag{5-6}$$

其中，ε 表示势能阱的深度；σ 代表双微粒相互作用势能为零时两微粒间的距离；r_m 指代在势能阱底部时两微粒间的距离。从物理意义上来说，兰纳-琼斯势能函数中的 6 次项近似表示两微粒的相互吸引力，12 次项则指两微粒的相互排斥力。图 5.8 显示了兰纳-琼斯势能函数的图像。

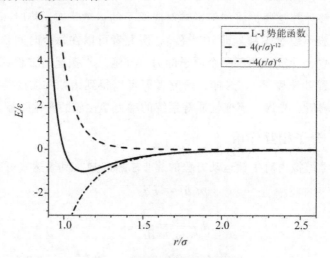

图 5.8　兰纳-琼斯势能函数图像

若微粒带电，则两微粒之间的相互作用势能还需加上库仑电势能：

$$E_C = \frac{kq_iq_j}{r_{ij}} \tag{5-7}$$

2. 键接相互作用

对于分子体系，特别是本书所研究的高分子体系，分子间存在着大量的原子以及对应的连接原子的共价键，因此，在构建动力学模型的过程中，必须考虑到分子中键接相互作用（即分子内相互作用力）的影响。

（1）键伸缩（bond stretching）

假定连接相邻原子的共价键的振动为简谐振动，设定振动常数 k_{ij}^r，则键伸缩的势能可表示为：

$$E_R = \frac{k_{ij}^r}{2}\left(r_{ij} - r_{eq}\right)^2 \tag{5-8}$$

事实上，由于共价键本身具有比较高的键能，共价键的键伸缩所对应的势能是比较巨大的。表 5.1 列举了一些常见的共价键势能，可以看到，即使是振动常数最小的 $C_{sp^3} - C_{sp^3}$ 共价键，若两原子间距离仅仅偏离平衡位置 0.1Å，体系的能量即会上升约 1.6kcal/mol。

表5.1　几种典型的 C—C、C—O 和 C—N 共价键的振动常数

共价键	振动常数 $k_{ij}^r / \left(\text{kcal} \cdot \text{mol}^{-1} \cdot \text{Å}^{-2} \right)$
$C_{sp^3} - C_{sp^3}$	317
$C_{sp^3} - C_{sp^2}$	317
$C_{sp^2} - C_{sp^2}$	690
$C_{sp^3} = O$	777
$C_{sp^3} - N_{sp^3}$	367

（2）键角弯曲（angle bending）

同样假定键角的弯曲振动为简谐振动，设定振动常数 k_{ijk}^θ，则键角弯曲的势能可表示为：

$$E_\theta = \frac{k_{ijk}^\theta}{2} \left(\theta_{ijk} - \theta_{eq} \right)^2 \tag{5-9}$$

相比之前提及的键伸缩所需能量，键角弯曲振动所需的能量远小于键的伸缩振动。部分典型的键角弯曲振动常数如表 5.2 所示。

表5.2　几种典型的键角振动常数

共价键	振动常数 $k_{ijk}^\theta / \left(\text{kcal mol}^{-1} \cdot \text{deg}^{-2} \right)$
$H - C_{sp^3} - H$	0.0070
$C_{sp^3} - C_{sp^3} - H$	0.0079
$C_{sp^3} - C_{sp^3} - C_{sp^3}$	0.0099
$C_{sp^3} - C_{sp^2} = O$	0.0101
$C_{sp^3} - C_{sp^2} = C_{sp^2}$	0.0121

（3）键旋转（torsion）

我们所熟知的乙烷的三种能量最小的交错构象和三种能量最大的重叠构象，是键旋转所导致体系能量改变的典型例子。一般认为，不同构象间的能垒，源自分子末端上氢原子间的反键相互作用：当构象交错时，反键相互作用最小；而当构象重叠时，反键相互作用最大。若以 φ_{ijkl} 表示旋转角，则键旋转的势能函数可以写为：

$$E_\varphi = \sum \sum_m \frac{k_{ijkl}^{\varphi, m}}{2} \left(1 + \cos \left(m\varphi_{ijkl} - \gamma_m \right) \right) \tag{5-10}$$

其中，m 表示键旋转 360° 过程中达到能量最低状态的构象数。

（4）键的面外弯曲运动（out‑of‑plane bending motions）

如果仅仅以前面三种键接相互作用能量来模拟环丁醇的构象，则环丁酮中C—C＝O键之间的角度应为120°，且C＝O键与四元碳环平面存在一定的夹角。然而，实验测得，C—C＝O的夹角约为133°，且氧原子仍然位于四元碳环平面上。这是由于π键的能量会由于O处在不同的平面上而急剧增加。因此，需要在模拟体系中引入键的面外弯曲运动来提高模型与实际体系之间的契合度。

若以来自中心原子的键与该中心原子与其余原子所在的平面的夹角θ来定义键的面外弯曲运动能量，则对应的能函数可以写作式（5-11）：

$$E_\theta = \frac{k}{2}\theta^2 \tag{5-11}$$

若以突出平面的原子与其余原子组成的平面之间的高度h来定义键的面外弯曲运动能量，则对应的能函数可以写作式（5-12）：

$$E_h = \frac{k}{2}h^2 \tag{5-12}$$

若仍旧以在键旋转部分提及的键与键之间的夹角φ_{ijkl}来定义键的弯曲运动能量，则对应的能函数亦能够表示为式（5-13）：

$$E_\varphi = k\left(1 - \cos2\varphi_{ijkl}\right) \tag{5-13}$$

二维码5.1　分子内运动

5.4.3　分子动力学算法

具体说来，利用分子动力学算法对特定体系进行模拟运算主要包括以下步骤：

（1）构建分子动力学模型，包括选择体系的初始结构参数，选择特定的分子力场或输入势能函数，添加模型参数和周期性边界条件等；

（2）选择合适的时间步长（一般选择1～2飞秒）并预设一定的模拟时长（一般为几纳秒），开始模拟过程；

（3）达到设定的模拟时长后，模拟运算终止，导出所得数据即可得所需结果。

分子动力学模拟的五个环节整理如图5.9所示。

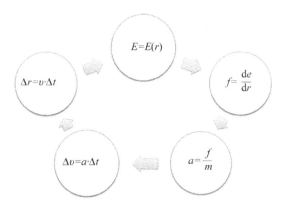

图5.9　分子动力学模拟的五个环节

1.构建分子动力学模型

首先，研究者根据需要，选择合适的分子力场或分子势能函数。之后，在确定了模型框架的基础上，根据以往的实验数据（或经验数据）以及相关的理论模型等来设定所构建的分子动力学模型的初始配置参数。其中，对于体系中各原子的初始运动状态（即初始速度）的设定，研究者一般借助麦克斯韦-玻耳兹曼分布（Max-well–Boltzmann distribution），来随机分配体系中原子的初始运动状态，并通过调整原子的初速度，令整体系在各个方向上的总动量为零，如式（5-14）所示。

$$p\left(v_{ix}\right)=\sqrt{\frac{m_i}{2\pi kT}}\ \mathrm{e}^{-\frac{1}{2kT}m_i v_{ix}^2} \tag{5-14}$$

方程式(5-14)表示了温度为 T 的体系中存在原子 i（质量 m_i，速度大小 v_{ix} 且沿 x 方向）的概率。

2.周期性边界条件

对于一个典型的 8nm 大小的模拟水盒而言，其比表面积约为 $0.75\mathrm{nm}^{-1}$ $\left(\dfrac{8\mathrm{nm}\times8\mathrm{nm}\times6}{8\mathrm{nm}\times8\mathrm{nm}\times8\mathrm{nm}}=0.75\mathrm{nm}^{-1}\right)$，而对于 1 升水而言，其比表面积为 $0.75\mathrm{dm}^{-1}$，即水盒的比表面积是本体水的 10^8 倍左右。巨大的比表面积差别会导致所模拟物质物性的巨大差异。因此，为了使有限的模拟体系的性质尽量接近本体物质，我们需要对模型的边界情况进行修正。

在周期性边界条件（periodic boundary conditions，PBCs）中，所模拟的系统被自身映像在空间中无限包围。具体说来，其用一个被称为元胞（unit cell）的周期性盒子来描述宏观的体系，即在一个元胞周围有众多紧密堆积的完全相同的元胞。例如在二维体系中，一个方形元胞四周有相同的元胞（称为"镜像"），若一个粒子从右边边界穿出，则该方形元胞的左边界对应位置应有相同粒子进入，从而保证了元胞中粒子数目以及对应的物理量如动量与能量等的守恒。

二维码5.2　周期性边界

3.分子动力学模拟

在设定了系统框架和原子的初始运动状态后，研究者即可以开始对所需过程进行模拟仿真。在每一个时间步长的运算中，模型都必须首先计算体系中各个原子在其他所有原子影响下的总势能，并通过令该势能函数对笛卡尔坐标求导来计算各个原子的总的受力情况 F。其中，任意两个原子之间的力都符合牛顿第三运动定律。之后，再利用牛顿运动方程，根据各个原子的受力状况，逐个改变其自身的运动状态，即可完成一个时间步长内对体系的模拟。最后，重复上述过程，即可令整体系统稳步变化，直至完成对全过程的仿真模拟。

当然，我们也可以从之前学过的常微分方程的角度理解仿真模拟的整体变化过程。我们知道，速度向量 v 是位置向量 x 关于时间 t 的导数，加速度 a 是速度 v 关于时间 t 的导数。因此，在利用势能函数计算出某瞬间各个原子的总的受力状态的情况下（$F(x) = -\nabla U(x)$），我们可以将整个过程理解为求解下述常微分方程组：

$$\begin{cases} \dfrac{\mathrm{d}x}{\mathrm{d}t} = v \\ \dfrac{\mathrm{d}v}{\mathrm{d}t} = \dfrac{F(x)}{m} \end{cases} \tag{5-15}$$

对于有 n 个原子的体系，我们有 $3n$ 个位置坐标 x 和 $3n$ 个速度坐标 v。对于这种难以解出解析解的常微分方程组，正如我们在本书第2章中提到的，我们可以用数值计算的方法求解该常微分方程组的数值近似解[见式(5-16)]：

$$\begin{cases} v_{i+1} = v_i + h\dfrac{F(x_i)}{m_i} \\ x_{i+1} = x_i + hv_i \end{cases} \tag{5-16}$$

其中，h 表示时间步长。

当然，正如我们在第2章中利用改进欧拉法积分来减小运算偏差，我们也能用类似的越级算法（leapfrog integration）来令模拟结果更加准确，如式（5-17）所示。

$$\begin{cases} v_{i+\frac{1}{2}} = v_{i-\frac{1}{2}} + h\dfrac{F(x_i)}{m_i} \\ x_{i+1} = x_i + h v_{i+\frac{1}{2}} \end{cases} \tag{5-17}$$

5.4.4　分子动力学模拟的加速

在第 2 章中我们提到，为了减小欧拉法解常微分方程数值解的误差，提高算法准确度，我们需要尽量减小步长。同样，在分子动力学模拟过程中，我们也需要极短的时间步长来提高计算结果与实际情况的吻合度。一般来说，设定时间步长仅为数飞秒（10^{-15}s）。然而，对于模拟体系特别是对大分子系统而言，结构或状态的改变通常需要数微妙（10^{-6}s）乃至数秒时间。由此，模拟程序就必须进行数十亿乃至数百万亿次的循环运算。结合每一步时间步长内对各个原子受力情况的烦琐的运算，即使在现今计算机运算能力飞跃式发展的前提下，分子动力学模拟的所需时间亦会变得极为漫长，这也极大地限制了分子动力学模拟在大分子体系和长时间过程模拟等方面的运用。此外，用于计算各个原子受力情况的分子力场或分子势能函数也大多存在着或多或少的假设和近似条件，这也给模拟结果的准确性画上了一个问号。

为了改善（而不是解决）动力学模拟中超大规模运算量带来的长时间运算的问题，众多科学家也从不同角度提供了一些解决方法。

（1）减少每个时间步长中的计算量。由于计算量主要来自对各个原子受力情况的计算，一方面，可以换用更加高效快速的算法（即改进算法），另一方面，由于时间间隔极短，原子在每个时间间隔内的位移极小，可以对某些力场采用每隔几个时间步长再重新计算的办法（即假设某些力场在几个时间步长内保持不变），减小计算量。

（2）通过忽视一些变化极快的运动（如某些键长的变化等），适当增大时间步长。

（3）减少必须模拟的状态过程，令所需运动尽早发生或令体系尽快达到稳定或能量最低状态。

（4）利用许多个较短的模拟过程来预测长时间下系统的变化过程。

（5）运用并行结构，即同时计算各个原子所受作用力，在不减少运算量（事实上增大了运算量）的情况下加快模拟进程。

5.4.5　分子动力学方法应用举例

举一个研究实例。分子动力学模拟可以用来评估亲水化对聚丙烯表面与水之间相互作用的影响。在这项工作中，研究者应用约束分子动力学方法和模拟退火来构建疏水性聚丙烯无定形表面的理论模型。通过用水润湿相应的聚丙烯无定形表面，并将模型预测得到的水接触角和实验结果进行比较，从而确认所建立的分子动力学模型在模拟实际聚丙烯表面不同官能团时对水的亲润性能的差异，模拟结果如图5.10所示，从左到右分别是0～700ps时间范围内的水分子浸润情况，可以看出表面经过NH_3^+和COO^-离子改性后的聚丙烯具有非常好的亲水性，水滴在表面完全铺展。具体内容请看本章参考文献[5-5]。

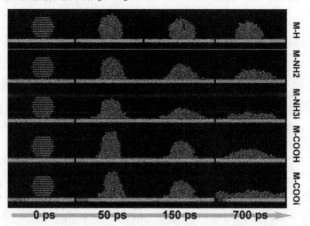

彩图效果

图5.10 水在不同功能化的聚丙烯表面铺展的分子动力学模拟结果

5.4.6 分子动力学模拟软件

接下来简单介绍一些目前广泛应用的分子动力学模拟软件，大部分软件是开源的，读者可以就具体课题需要选择学习和使用。

1.CHARMM

CHARMM（chemistry at Harvard macromolecular mechanics）是 Martin Karplus 教授及其在哈佛大学的研究小组合作开发的一种用于分子动力学的分子力场，同时也代表了采用这种力场的分子动力学软件包。CHARMM 是众多分子模拟软件的鼻祖。

2.NAMD

纳米分子动力学（nanoscale molecular dynamics，NAMD）由理论和计算生物小组（Theoretical and Computational Biophysics Group，TCB）和伊利诺伊大学厄巴纳-香槟分校（University of Illinois at Urbana-Champaign）的并行编程实验室（Parallel Programming Laboratory，PPL）联合开发而成，是用于大规模并行计算机上快速模拟大分子体系的并行分子动力学代码，可运用经验力场（Amber、CHARMM

等），通过求解运动方程来计算原子轨迹。

3.GROMACS

GROMACS 模拟体系（groningen machine for chemical simulations，GRO-MACS）是用于研究生物分子体系的分子动力学程序包。它的模拟程序包包含GROMACS力场（蛋白质、核苷酸、糖等）。其进行了大量的算法的优化，比其他软件快3～10倍，并在提高计算速度的同时保证了良好的计算精度。

4.BOINC

伯克利开放网络计算架构（Berkeley open infrastructure for networking computing，BOINC）可利用分布于世界各地的志愿者计算机闲置资源帮助研究人员进行科学计算研究。

5.JANUARY

本书作者课题组自行编写的January分子动力学模拟程序可以支持下列功能：

（1）分子动力学模拟、体系模型构建、模拟退火、能量优化。

（2）通过OpenMP支持共享内存式并行计算，通过OpenCL支持混合架构CPU/GPU高性能计算。

（3）可利用架设的BOINC分布式计算平台，借助浙江大学内部的志愿者计算机对模拟进行加速。

6.高性能计算

基于中央处理器CPU计算是一种串行架构，需逐个计算每个原子的作用力。而基于图形处理器GPU计算是一种并行结构，可以同时计算各个原子的作用力，从而大大提高计算能力，是目前分子动力学模拟程序的主流计算方法。图5.11简单对比了CPU和GPU的计算效率，供读者参考。利用GPU进行运算，可令计算过程中的即时速度保持在较高的水平，从而显著提升模拟效率。

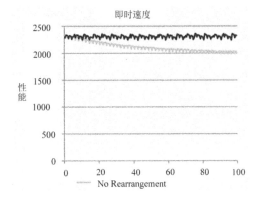
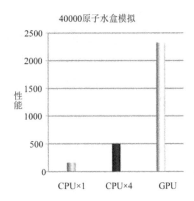

图5.11 CPU和GPU计算的性能对比

5.5　分子蒙特卡洛方法

分子蒙特卡洛方法即使用真实分子模型的蒙特卡洛方法，其采用真实分子的键长、键角等数据来对整个体系进行计算模拟，所得到的结果可以同各种高分子材料的分子性质相互对照。与之前所提及的量子力学、分子力学和分子动力学方法所不同的是，分子蒙特卡洛方法不使用牛顿定律来移动原子，而是通过随机挑选原子并判断是否接受所要进行的移动行为，当且仅当在移动后不会令体系能量增大的情况下才对所选原子进行移动操作。该部分内容在本书的第3章中已详细展开，在此便不再赘述。

参考文献

[5-1]　Ling J, Huang Y. Understanding the ring-opening reaction of α-Amino acid N-carboxyanhydride in an amine-mediated living polymerization: a DFT study[J/OL]. Macro-olecular Chemistry and Physics, 2010, 211(15): 1708-1711. https://onlinelibrary.wiley.com/doi/abs/10.1002/macp.201000115.

[5-2]　Liu J, Ling J. DFT study on amine-mediated ring-opening mechanism of α-amino acid N-carboxyanhydride and N-substituted glycine N-carboxyanhydride: secondary amine versus primary amine[J/OL]. Journal of Physical Chemistry A, 2015, 119(27): 7070-7074. https://pubs. acs. org / doi / full / 10.1021 / acs. jpca.5b04654.

[5-3]　Bai T, Ling J. NAM-TMS mechanism of α-amino acid N-carboxyanhydride polymerization: a DFT study[J/OL]. Journal of Physical Chemistry A, 2017, 121(23): 4588-4593. https://pubs.acs.org/doi/full/10.1021/acs.jpca.7b04278.

[5-4]　Bai T, Ling J. Polymerization rate difference of N-alkyl glycine NCAs: steric hindrance or not[J/OL]. Biopolymers, 2019, 110(4). https://onlinelibrary.wiley.com/doi/full/10.1002/bip.23261.

[5-5]　Dai Z, Ling J, Huang X, et al. Molecular simulation on the interactions of water with polypropylene surfaces[J / OL]. The Journal of Physical Chemistry C, 2011, 115(21): 10702-10708. http://dx.doi.org/10.1021/jp201040g.

[5-5]　刘俊骅，凌君.环张力驱动环醚单体开环聚合的DFT验证[J].高分子通报，2015(1):80-83.

第6章 优化方法

优化就是在给定约束之下寻求某些因素（的量）以使某一（或某些）指标达到最优。优化计算的应用非常广泛，例如在地图上寻找起止点之间的最优路径问题、人脸或指纹识别中的最高匹配问题、寻找最低能量的分子构象问题、给定目标时寻找最合适实验条件等。在各种优化方法中，穷举遍历法是最简单直接的一种，也是最可靠的方法，但是大多数情况下，因为样本数太多或计算量太大的限制，往往无法进行穷举遍历，实际使用时存在很大局限性。本章就各种不同的优化方法做个简单介绍。

6.1 正交实验法

对于一个化学反应而言，实验条件的优化是至关重要的，因为实验条件是否合适往往决定了反应产率以及产物纯度的高低，甚至会对产品的性能产生巨大的影响。我们要研究的化学反应一般都十分复杂，影响反应的因素也有很多，因素间还存在着未知的交互作用，因此想要仅凭理论或者经验找到反应的最优条件几乎是一件不可能的事情，这时候就需要我们通过统计试验设计对化学反应进行系统研究。合理的统计试验设计不仅能够高效地帮助我们优化目标化学反应的实验条件，还有助于我们探究化学反应背后的反应机理。在统计试验设计当中，我们需要研究的变量称为**因素**，变量的取值称为**水平**，试验得到的结果称为**响应**或者**输出**。

在对化学反应的实验条件进行优化时，如果可供改变的实验条件因素及其水平都比较少，我们可以考虑对因素全部的水平组合进行试验，找到其中最优的实验条件，这一试验方法称作**全面试验**。但在大多数情况下，影响化学反应的实验条件因素既繁多又复杂，采用全面试验法是一件费力又不讨好的事情。通常我们的做法是根据已有的理论和经验从繁多复杂的因素中挑选出若干个对反应影响程度最大的因素，再选择因素相应的水平进行组合试验，以相对较少的试验次数找到令人满意的实验条件，这种选取部分具有代表性的水平组合进行试验的方法称作**部分因子设计**。在科研工作以及工业生产中，部分因子设计是一种常用的因素优化方法，其中，正交试验设计法和均匀试验设计法是两种效果非常好的方法，在这里我们仅对正交试验设计法进行介绍。

为了更好地理解正交试验设计法，我们先举一个实验例子。

例 6-1　为了提高某个化学反应产物的产率，我们需要对其实验条件进行优化，优化的因素包括反应的温度（A）、反应的时间（B）以及催化剂的浓度（C），可选的反应温度有 20℃、60℃ 和 100℃，分别用 A_1、A_2 和 A_3 表示，反应时间有 6 小时、12 小时和 18 小时，催化剂的浓度有 0、5％ 和 10％，分别用相应的大写字母及下标数字表示。

在条件允许的情况下，我们可以对反应体系进行**全面试验**，即对所有的 27 个水平组合进行试验，根据试验结果判断哪一种水平组合是最优的实验条件。同时全面试验能够很好地帮助我们分析因素与响应之间的关系，尤其是在因素对于响应有复杂作用的情况下。但显然，随着因素和水平数量的增加，全面试验所需的试验次数 $n = \prod_{i=1}^{m} q_i$（其中 m 表示因素个数，q_i 表示因素 i 的水平个数）也会爆炸式增长，这在实际中是无法实现的，因此全面试验只适用于因素数和水平数都较小的研究体系。

另一个非常自然的试验方法是将多因素的试验转化为多个单因素的试验，我们称之为**单因素轮换试验法**，即控制其余因素不变，对某一因素的全部水平进行试验找出该因素的最优水平，将各因素的最优水平组合起来视为最优条件。在前面所举的例 6-1 中，我们可以先固定反应时间为 6 小时，催化剂浓度为 0，通过改变反应温度来观察产率的变化，假设反应温度为 100℃ 时产率最高；在研究最优反应时间时，固定反应温度 100℃，催化剂浓度为 0，对比不同反应时间所得产率，结果为反应时间 18 小时的产率最高；最后固定反应温度为 100℃，反应时间为 18 小时，发现最优催化剂浓度为 5％，则这三个因素的最优组合可视为一种优化方案。这种试验方法的优势在于试验方案设计简单，试验次数相较于全面试验大幅减少，在例 6-1 中所有试验过的条件用记号坐标可表示为 (A_1, B_1, C_1)、(A_2, B_1, C_1)、(A_3, B_1, C_1)、(A_3, B_2, C_1)、(A_3, B_3, C_1)、(A_3, B_3, C_2)、(A_3, B_3, C_3)，仅需 7 次试验即可得到优化条件 (A_3, B_3, C_2)，单因素轮换试验法所需进行的试验次数 $n = \sum_{i=1}^{m} q_i - m + 1$。在实践中，单因素轮换试验法一般能够给出一些可供参考的结论，但是当被研究的因素之间存在比较强的相互作用时，利用这一方法往往无法得到最优水平组合，甚至可能得到一个较差的结果，这也并非罕见的情况。

如果将例 6-1 中 27 个水平组合全部标记在三维空间当中，我们可以得到如图 6.1 所示的 27 个坐标点，其中圆圈标注的坐标点为单因素轮换试验法中选取的试验点。从图

6.1中我们立刻发现了一个问题，单因素轮换试验法所选取的试验点在坐标空间当中的分布非常不均匀，集中在了立方体相连的三条棱上，有很大一部分区域内的试验点完全没有被选择，我们有理由怀疑根据试验结果所得到的优化条件(A_3, B_3, C_2)并不是最优条件。如果我们能够从所有试验点当中均匀地选取一部分具有代表性的试验点，那么试验的情况将会更加全面地反映出因素与结果之间的关系，这就是正交试验设计法的思想来源。

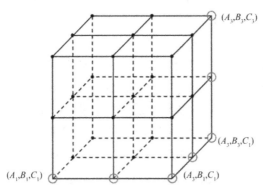

图6.1　例6-1的全面试验坐标

正交试验设计的要求有两个：第一个是任一因素的各个水平在所有试验中出现的次数相同；第二个是任何两个因素的水平组合在所有试验中出现的次数相同。按照这两个要求，我们可以为例6-1设计一个正交试验方案，例6-1中每个因素都有三个水平，两个因素的水平组合共有9种，因此试验数的设计应为9的倍数：(A_1, B_1, C_1)、(A_1, B_2, C_2)、(A_1, B_3, C_3)、(A_2, B_1, C_2)、(A_2, B_2, C_3)、(A_2, B_3, C_1)、(A_3, B_1, C_3)、(A_3, B_2, C_1)、(A_3, B_3, C_2)，这一方案的记号坐标表示见图6.2中圆圈标注处，可以看出这些试验点均匀分散在整个坐标空间当中。正交试验设计的方案并不唯一，只要能够满足设计的两个要求即可。当研究体系中的因素个数不超过三个时，我们可以在空间中直观地想象出正交设计的试验点，但当因素个数超过三个时，我们就无法通过作图的方法在三维坐标空间里将试验点标记出来。

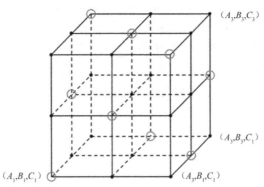

图6.2　例6-1的正交试验方案坐标

日本统计学家田口玄一最早将正交试验设计的水平组合列成表格，并称之为**正交表**，随着研究的不断深入，人们设计了许多适用于不同情况下的正交表。正交表通常用记号$L_n(q^m)$表示，其中L表示正交表，m表示正交表最多可研究的因素个数也即表的列数，q表示因素的水平数，n表示试验的总数和正交表的行数。例如$L_9(3^4)$表示这一正交试验设计最多能够研究4个因素，每个因素的水平数为3，总共需要进行9次试验，如表6.1所示。从表6.1中我们可以发现，正交表中每一列因素的所有水平出现的次数相同，每两列因素的所有水平组合出现的次数也相同，正交表的这两个性质完全符合正交试验设计的两个要求。在实际研究中，我们常常会遇到因素水平数不同的情况，在设计正交试验时一般有两种解决方法：一是利用已经设计好的混合水平正交表，如$L_8(4\times 2^4)$，这一正交表可以通过8次试验研究具有一个4水平因素和四个2水平因素的体系；二是采用拟水平法，将水平数较少的因素补足，例如某个体系有一个2水平因素和三个3水平因素，可以将2水平因素中的其中一个水平重复一次，然后再用正交表$L_9(3^4)$对体系进行研究，这一方法会导致试验的设计不符合正交试验设计的要求，有时会对试验的建模和数据分析造成影响。

表6.1 正交表$L_9(3^4)$

No.	A	B	C	D
1	A_1	B_1	C_1	D_1
2	A_1	B_2	C_2	D_2
3	A_1	B_3	C_3	D_3
4	A_2	B_1	C_2	D_3
5	A_2	B_2	C_3	D_1
6	A_2	B_3	C_1	D_2
7	A_3	B_1	C_3	D_2
8	A_3	B_2	C_1	D_3
9	A_3	B_3	C_2	D_1

如果我们将表6.1中各水平用-1、0、1代替，用一个矩阵M表示正交表$L_9(3^4)$，如式（6-1）所示。容易计算得$M^TM=6I_4$，其中M^T为M的转置，I_4为4阶单位矩阵。这表明正交表列与列之间相互正交，实际上正交表的"正交"一词有着比"列正交"更加深刻的内涵，但在这里我们不做过多展开。

$$M = \begin{bmatrix} -1 & -1 & -1 & -1 \\ -1 & 0 & 0 & 0 \\ -1 & 1 & 1 & 1 \\ 0 & -1 & 0 & 1 \\ 0 & 0 & 1 & -1 \\ 0 & 1 & -1 & 0 \\ 1 & -1 & 1 & 0 \\ 1 & 0 & -1 & 1 \\ 1 & 1 & 0 & -1 \end{bmatrix} \tag{6-1}$$

正交表为我们提供了一种设计正交试验方案的方法，我们可以利用正交表 $L_9(3^4)$ 设计前文提到过的例6-1的试验方案，只需将例6-1中的三个因素放入表中任意三列并将各水平填入表中即可，如表6.2所示，这正是我们在前文中所设计的正交试验方案。常用的正交表可以通过查阅数学用表等相关文献得到。

表6.2 例6-1的正交试验方案

No.	反应温度 (A)	反应时间 (B)	催化剂浓度 (C)
1	20℃ (A_1)	6h (B_1)	0 (C_1)
2	20℃ (A_1)	12h (B_2)	5% (C_2)
3	20℃ (A_1)	18h (B_3)	10% (C_3)
4	60℃ (A_2)	6h (B_1)	5% (C_2)
5	60℃ (A_2)	12h (B_2)	10% (C_3)
6	60℃ (A_2)	18h (B_3)	0 (C_1)
7	100℃ (A_3)	6h (B_1)	10% (C_3)
8	100℃ (A_3)	12h (B_2)	0 (C_1)
9	100℃ (A_3)	18h (B_3)	5% (C_2)

最后我们回到之前的例6-1来说明应当如何对正交试验设计法所得到的结果进行数据分析，以找到可能的最优方案。假设按照正交试验设计方案进行实验后得到的产率结果如表6.3所示，从表格中我们可以发现5号试验的产率最高，反应温度为60℃，反应时间为12h，催化剂浓度为10%，通过对试验结果的进一步分析，我们可能可以找到更优的实验条件。

表6.3 实验产率结果及分析

No.	反应温度 (A)	反应时间 (B)	催化剂浓度 (C)	产率
1	20℃ (A_1)	6h (B_1)	0 (C_1)	18%
2	20℃ (A_1)	12h (B_2)	5% (C_2)	39%
3	20℃ (A_1)	18h (B_3)	10% (C_3)	66%

续表

No.	反应温度（A）	反应时间（B）	催化剂浓度（C）	产率
4	60℃（A_2）	6h（B_1）	5%（C_2）	41%
5	60℃（A_2）	12h（B_2）	10%（C_3）	72%
6	60℃（A_2）	18h（B_3）	0（C_1）	59%
7	100℃（A_3）	6h（B_1）	10%（C_3）	47%
8	100℃（A_3）	12h（B_2）	0（C_1）	30%
9	100℃（A_3）	18h（B_3）	5%（C_2）	63%
结果	A因素产率	B因素产率	C因素产率	
T_1	123%	106%	107%	
T_2	172%	141%	143%	
T_3	140%	188%	185%	
t_1	41%	35%	36%	
t_2	57%	47%	48%	
t_3	47%	63%	62%	
R	16%	28%	26%	

首先我们计算各个因素在每个水平下的平均产率，T_i行表示各因素在水平i下的产率之和，t_i行表示各因素在水平i下的平均产率，i取值为1、2、3，在表格的最后一行我们计算各因素不同水平平均产率的极差R，计算结果已经列在表6.3中。

将三个因素的平均产率变化趋势画在一张图上，如图6.3所示，就能直观地得出以下结论：反应温度为60℃时产率最高；随着反应时间的延长以及催化剂浓度的增加，产率也随之提高。因此我们有理由认为在反应温度为60℃、反应时间为18h以及催化剂浓度为10%的条件下产率能够达到一个最高值，最优条件为(A_2, B_3, C_3)。而在9次试验中并没有包含这一水平组合，故应当增加这一条件下的试验以验证结论是否正确。如果追加的试验能够证明结论是正确的，并且我们希望进一步地优化反应条件，那么我们可以继续延长反应时间以及提高催化剂浓度来寻找最优反应条件。从图6.3中我们还可以看出，不同反应温度的平均产率的极差要小于反应时间以及催化剂浓度，表明这三个因素在所选水平间发生变化时，反应时间和催化剂浓度对产率的影响要大于反应温度，是主要影响因素，反应温度为次要影响因素。根据上述直观分析，我们能够得到一些初步结论，如果需要更加深入地对因素进行分析，我们可以在建立统计模型之后再利用相应的统计学方法分析数据，对这部分内容有兴趣的读者可以查阅相关文献。

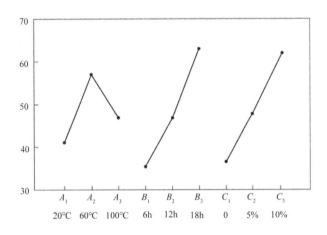

图6.3 平均产率与三个因素的关系

6.2 人工神经网络

在输入网站的验证码时，尽管验证码中的数字和字母经过了一定的处理，但人们依然能够轻易地识别出正确的验证码。播放一段小狗叫声的录音，人们也不会将声音的主人误认为小猫。这些行为对于我们人类而言简直是易如反掌，但如果需要编写一个计算机程序分辨经过处理的数字和字母或者进行声音识别，不免让人觉得无从下手，似乎如此直观的问题反而难以通过逻辑的推理和算法的设计来解决。人类这种与生俱来的强大学习能力得益于独特的人脑神经网络，脑神经网络中结构和功能的基本单位是神经元，神经元能够感受刺激，产生神经冲动并进行传导。受到生物神经网络结构和功能的启发，人们设计出了**人工神经网络**（artificial neural network），这一系统解决问题的过程并非一蹴而就，而是一个不断对训练样本进行学习的过程，从表面上看人工神经网络似乎有一种"熟能生巧"的学习能力。

人工神经网络是由人工神经元作为基本单位联结而成的，一个人工神经元的基本模型如图6.4所示，一个神经元可以有任意多个输入 x_i，对于每个输入分配一个权重 w_i 用以表示相应输入在计算输出时的重要性，每个神经元还具有一个偏置 b，输出的结果 a 则通过一个激励函数 $f(\sum_i w_i x_i + b)$ 进行计算。利用神经元我们可以构建出如图6.5所示的神经网络，这个网络分为三层，最左侧的一列被称作输入层，其中的神经元为输入神经元，代表系统外界的输入；最右侧的一列是输出层，包含输出神经元，能够输出系统计算的结果；其余中间层统称为隐藏层，隐藏层既可以有一层也可以有多层，具有多层隐藏层的神经网络被称为深度神经网络。图6.5中所示的神经网络利用上一层的输出作为下一层的输入，这种类型的神经网络被称作**前馈神经网络**（feedforward neural network），意味着信息在网络中总是向前传递的。如果神经网络中存在合理可行的反馈回路，那么这种模型属于**递归神经网络**（recurrent neural network），递归神经网络虽然在结构上与脑神经网络更加接近，也能解决一些重要问题，但在设计上比前馈神经网络更加复杂和困难。在实际解决问题中，前馈神经网络的应用更为广泛，其影响力也更大，故在此仅对前馈神经网络进行介绍。

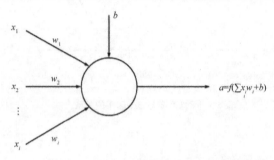

图6.4   人工神经元的基本模型

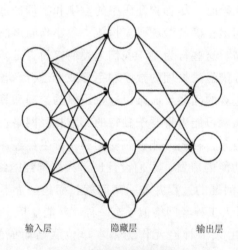

图6.5   三层前馈神经网络的基本结构

不同类型神经元的区别主要在于激励函数（activation function）的不同，感知器是一种形式最为简单的神经元，其激励函数如式（6-2）所示。

$$a = \begin{cases} 0, & \sum_i w_i x_i + b \leqslant 0 \\ 1, & \sum_i w_i x_i + b > 0 \end{cases} \tag{6-2}$$

其中，输入 x_i 是0或者1；b 是一个实数。如果我们令 $t = \sum_i w_i x_i + b$，那么这个激励函数可以看作是一个阶跃函数，函数图像如图 6.6 所示。我们可以这样理解感知器的激励函数，感知器按照权重对输入进行线性求和，将所得结果与一个阈值进行比较，如果结果大于阈值，则输出 1，反之则输出 0，这一阈值就是 $-b$。

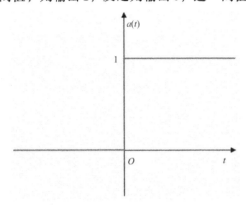

图 6.6　感知器激励函数的图像

感知器可以被视作是根据权重做出决定的机器，举一个简单的例子，你正在思考明天是否要去商场购物，主要考虑的因素包括是否有想要购买的物品、商场是否有优惠、交通是否便利。如果你有想要购买的物品，可以将 x_1 设为 1，反之设为 0；如果你打算去的商场有诱人的促销活动，那么你可以令 x_2 为 1；如果去商场的交通十分便利，x_3 可以设为 1。接下来赋予三个因素以权重 w_i，比如你有一些急需购买的物品，那么应当将 w_1 设置得更大；如果你不在乎商场的优惠，w_2 则可以赋予一个很小的值；如果你不愿意在来回的路上花费太多时间，那么 w_3 的数值应当更大。感知器的阈值代表着你想要去商场购物的意愿强度。在构建好一个感知器后，你就可以将一个具体的情况输入感知器，利用感知器帮你进行决策，不同的权重和阈值则代表了不同的决策模型。基于感知器的神经网络能够做出更加复杂的决策，一个感知器能够进行一个简单的决策，浅层感知器的决策结果能够作为深层感知器决策的依据，最终实现复杂问题的决策。

那么，我们能否将这样一种基于感知器的神经网络应用于经过处理的验证码识别呢？我们知道，神经网络需要通过对训练样本的不断学习来获得解决问题的能力，学习的过程实际上是一个纠错的过程，或者更为直白地说，神经网络学习的过程是一个不断修改权重和偏置的过程。比如在学习的过程中，网络错误地将字母 D 识别成字母 O，我们希望能够对网络中神经元的权重和偏置进行微小的改动使得字母 D 的样本能够被更准确地识别，并且这一调整不应当使其他识别结果变得更差，通过这种反复的微小改动我们可以期望网络将逐渐掌握识别所有数字和字母的能力。但当我们使用的是基于感知器的神经网络时，这一想法往往难以实现，原因在于感知器的激励函数。在多数情况下对一个感知器的权重和偏置进行微调并不会改变其输出，但是有时候一点微小的变化将会使感知器的输出发生0和1之间的巨大翻转，这很有可能会导致当字母D能够被更好地识别时，其他字母或者数字的识别结果变得难以控制。

接下来我们将介绍一种名为S型神经元的人工神经元来解决上述问题，这一在神经网络中被广泛应用的神经元的特点正是当其权重和偏置发生微小改动时，相应的输出也只会发生微小的变化。S型神经元的激励函数如式（6-3）所示。

$$a = \frac{1}{1 + e^{-\left(\sum\limits_i w_i x_i + b\right)}} \tag{6-3}$$

与感知器不同的是，其中的输入 x_i 可以为0到1之间的任意实数，输出的取值范围是 $(0,1)$，令 $t = \sum\limits_i w_i x_i + b$，那么函数 $S(t) = \dfrac{1}{1 + \exp(-t)}$ 的图像如图6.7所示，这个函数被称作Sigmoid函数。

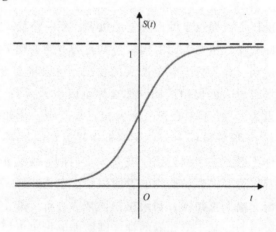

图6.7　Sigmoid函数图像

当 t 趋于正无穷时，S型神经元的输出趋于1，相反当 t 趋于负无穷时，S型神经元的输出趋于0。Sigmoid函数是一个平滑函数，其关于自变量的导数表达式易于计算，如式（6-4）所示。

$$S'(t) = \frac{e^{-t}}{\left(1 + e^{-t}\right)^2} = S(t)\left(1 - S(t)\right) \tag{6-4}$$

Sigmoid函数的平滑性意味着当权重和偏置发生一个微小的扰动 $\triangle w_i$ 和 $\triangle b$ 时，神经元的输出同样只会产生一个微小的变化 $\triangle a$。事实上，输出的变化 $\triangle a$ 可以利用如式（6-5）进行很好的近似。

$$\Delta a \approx \sum_i \frac{\partial a}{\partial w_i} \Delta w_i + \frac{\partial a}{\partial b} \Delta b \tag{6-5}$$

S型神经元的输出是一个介于$(0,1)$之间的实数，如果我们需要它输出0或者1时，可以约定当输出值不超过0.5时输出0，反之则输出1。

神经网络的设计是解决问题的关键，然而这并不是一件容易的事情，尤其是隐藏层的设计。网络输入层和输出层的设计相对而言是比较直观的，例如在判断一张图片上的数字时，我们可以将图片上每一个像素作为一个输入神经元，设置10个输出神经元对应0至9，也可以设置4个输出神经元用二进制的形式表示识别结果。事实上，神经网络的设计中最为关键的部分是隐藏层的设计，尽管神经网络的研究者们已经总结出了一些设计的最优法则，但是隐藏层的设计流程无法通过一些简单的经验规律来总结，在实际解决问题的过程中通常是根据经验来设计神经网络，再依据训练的结果对网络进行修改。

正如前文所提到的，神经网络学习的过程是一个不断修改权重和偏置的过程，而通过人力去寻找最佳的权重和偏置是不可能的，因此在构建好神经网络之后，我们需要设计一个算法使得网络自身能够找出这个最佳的权重和偏置。为了量化这一目标，我们需要定义一个代价函数，例如二次代价函数，如式（6-6）所示。

$$C(w,b) = \frac{1}{2n} \sum_x \left(a_x - y(x) \right)^2 \tag{6-6}$$

其中，w和b分别表示网络中权重的集合和偏置的集合；n表示训练样本的数量；x表示某个训练样本的输入；a_x表示输入为x时网络的输出；$y(x)$则表示输入为x时网络的正确输出结果。我们可以看到二次代价函数的取值非负，且当它的取值趋近零时意味着对于所有的训练样本输入x，网络的输出结果$y(x)$都非常接近正确结果a_x，因此我们的目标转化为寻找使二次代价函数达到最小值时的权重和偏置。代价函数的选择并不唯一，交叉熵代价函数是另一种常用的代价函数，如何选择一个更好的代价函数是构建神经网络时需要考虑的一个重要问题。

在确定了代价函数之后，我们通常采用梯度下降算法来搜索代价函数的最小值。在权重和偏置发生一个微小扰动Δw_i和Δb时，代价函数产生的微小变化ΔC可以表示为：

$$\Delta C \approx \sum_{i=1}^n \frac{\partial C}{\partial w_i} \Delta w_i + \frac{\partial C}{\partial b} \Delta b \tag{6-7}$$

定义$\nabla C \equiv \left(\frac{\partial C}{\partial w_1}, \frac{\partial C}{\partial w_2}, \cdots, \frac{\partial C}{\partial w_n}, \frac{\partial C}{\partial b} \right)$，表示函数$C$在点$(w_1, w_2, \cdots, w_n, b)$的梯度向量；定义$\Delta v \equiv (\Delta w_1, \Delta w_2, \cdots, \Delta w_n, \Delta b)$，表示向量$v$的变化量。那么式（6-7）可重新表示为：

$$\Delta C \approx \nabla C \cdot \Delta v^{\mathrm{T}} \tag{6-8}$$

其中，T 表示转置符号。如果我们令：

$$\Delta v = -\eta \nabla C \tag{6-9}$$

其中，η 是一个很小的正常数，那么代价函数产生的微小变化 ΔC 可继续变换为：

$$\Delta C \approx -\eta \nabla C \nabla C^{\mathrm{T}} = -\eta \left[\sum_{i=1}^{n} \left(\frac{\partial C}{\partial w_i} \right)^2 + \left(\frac{\partial C}{\partial b} \right)^2 \right] < 0 \tag{6-10}$$

这样我们就找到了一种能够通过迭代使代价函数 C 不断减少的方法。由 $\Delta v = v' - v$ 可知，每次迭代时向量 v 的更新规则可表示为式（6-10）。

$$v \leftarrow v - \eta \nabla C = (w_1, w_2, \cdots, w_n, b) - \eta \left(\frac{\partial C}{\partial w_1}, \frac{\partial C}{\partial w_2}, \cdots, \frac{\partial C}{\partial w_n}, \frac{\partial C}{\partial b} \right) \tag{6-11}$$

尽管梯度下降算法非常容易实现，但它显然并不是一个能够求得函数 C 全局最小值的算法。在大多数情况下，它给出的结果是一个局部最小值。然而在实际应用中，梯度下降算法一般能够将网络中的权重和偏置优化到一个令人满意的地步，因此梯度下降算法及其变化形式仍然是神经网络中寻找代价函数最小值的一种常用算法。另一个在使用梯度下降算法时需要考虑的问题是计算成本，代价函数可以看作是所有训练样本代价的均值，即满足式（6-11）：

$$C(w, b) = \frac{1}{n} \sum_x C_x(w, b) = \frac{1}{n} \sum_x \frac{(a_x - y(x))^2}{2} \tag{6-12}$$

在求解代价函数的梯度时，需要计算所有训练样本梯度的平均值：

$$\nabla C = \frac{1}{n} \sum_x \nabla C_x \tag{6-13}$$

当训练样本数 n 非常大时，神经网络的学习将会耗费相当的时间，通常采用的解决方案是随机选取小批量训练输入样本计算 ∇C_x，利用少量样本梯度的均值对总体梯度进行估计，从而减少网络学习所需的时间成本。

梯度下降算法中的关键步骤是计算代价函数的梯度，在网络训练的过程中计算梯度的次数是非常庞大的，如何快速计算这些梯度对于算法的实现和网络的训练都具有重要的意义。误差反向传播算法正是解决这一问题的高效算法，因为其给出了代价函数关于权重和偏置的偏导数的显式表达式，在这里我们仅仅提及这一算法，有兴趣的读者可以自行查阅相关资料进行了解。

6.3 蒙特卡洛方法

6.3.1 蒙特卡洛方法的概述

蒙特卡洛方法（Monte Carlo method），又称统计试验法，是一种随机模拟的优化方法。它是一种通过随机投点来寻找最优途径，求解物理、数学、工程技术和工农业管理等方面问题近似解的数值方法。所谓"随机投点"，就是在各自变量的取值区间，随机取一个值，组成一个随机取值点集，计算目标函数的值。只要投点数足够多，经不断比较，即可找出原问题的近似最优解。

蒙特卡洛方法源于美国在第一次世界大战中研制原子弹的"曼哈顿计划"。该计划的主持人之一数学家冯·诺伊曼用世界赌城之一摩纳哥的蒙特卡洛城来命名这种方法。蒙特卡洛方法的基本思想很早以前就被人们所发现和利用。早在17世纪，人们就知道用事件发生的"频率"来决定事件的"概率"。18世纪法国数学家蒲丰用投针试验的方法来决定圆周率π。20世纪40年代电子计算机的出现，特别是近年来高速电子计算机的出现，促进了该方法在计算机上大量快速地实现。

蒙特卡洛方法的基本理论参见本书第3.1节。在优化中的蒙特卡洛方法与前述原理并没有明显差别，其基本思想就是随机在条件定义域范围内选定参数，计算对应的目标函数值，并大量反复上述结果得到最优解。当随机抽样数量无穷大时，参数选择可以覆盖全部定义域，也就得到了全局最优解。而事实上是不可能完成"无穷次"抽样的，所以得到的最优解只是在特定抽样集中的最优解。

6.3.2 蒙特卡洛方法在优化中的应用实例

例6-2 某化工厂生产的产品有a、b、c、d、e、f六种，各产品均需经历三个车间加工。各产品在I、II、III三个车间内所耗费单位工日及利润，如表6.4所示。根据该厂生产情况，每月每个车间所能提供的工日不超过300个，试为该厂制定出月总利润最大的生产计划。

表6.4 某化工厂生产不同产品的消耗工日与利润

产品	每件产品消耗工日			利润/（元/件）
	车间I	车间II	车间III	
a	16	4	6	180
b	16	3	2	270
c	6	20	3	320
d	24	3	4	405

续表

产品	每件产品消耗工日			利润/（元/件）
	车间Ⅰ	车间Ⅱ	车间Ⅲ	
e	16	4	8	495
f	8	12	20	540

解：

若设各项产品的生产件数为 $X_a, X_b, \cdots, X_f$，则月总利润目标为：

$$F_{max} = 180X_a + 270X_b + 360X_c + 405X_d + 495X_e + 540X_f \tag{6-14}$$

要求式（6-14）为极大，车间的生产能力限制了产品的数量，按各车间能提供的工日数及生产产品消耗的工日数，得到以下约束条件：

$$16X_a + 16X_b + 6X_c + 24X_d + 16X_e + 8X_f \leqslant 300 \tag{6-15}$$

$$4X_a + 3X_b + 20X_c + 3X_d + 4X_e + 12X_f \leqslant 300 \tag{6-16}$$

$$6X_a + 2X_b + 3X_c + 4X_d + 8X_e + 20X_f \leqslant 300 \tag{6-17}$$

分析上述约束条件，可确定各变量的变化范围（定义域）为：

$$X_a = 0 \sim 18, \ X_b = 0 \sim 18, \ X_c = 0 \sim 15, \ X_d = 0 \sim 12, \ X_e = 0 \sim 18, \ X_f = 0 \sim 15 \tag{6-18}$$

根据蒙特卡洛方法，在各定义域中随机取值，计算目标利润函数，足够多次抽样后可以获得最优解。

事实上，这只是一个简单的举例，这里用穷举法也可以完成。但如果产品不是按件计算，而是按重量计量，也就是说 X 的取值可以为小数，则穷举法就很难实现了，此时蒙特卡洛优化方法更能发挥所长。

6.4　遗传算法

6.4.1　遗传算法的概念

遗传算法也称为基因算法，起源于达尔文的"进化论"，借鉴了生物进化从低级到高级、从简单到复杂的特点，采用"物竞天择，优胜劣汰，适者生存"的自然遗传机理，最早在 1975 年由 J. Holland 教授在其著作 *Adaptation in Natural and Artificial Systems* 中提出。遗传算法是一种有效的最优化问题的求解方法。其基本思想是：首先随机产生种群，对种群中的被选中染色体进行交叉或突变运算生成后代，根据适应函数值选择部分后代，淘汰部分后代，但种群大小不变。经过若干代遗传之后，算法收敛于最好的染色体，可能是问题的最优解或次优解。

6.4.2　遗传算法简介

遗传算法把问题的解表示成染色体，在算法中是以一定方式编码的字串。在最初随机设计出一群染色体假设解。然后，把这些假设解置于实际问题的环境中，用适应度函数值进行判断各染色体的适应值（解的优劣），并按适者生存的原则，从中选择出较适应环境的染色体进行复制（繁殖），同时通过交叉等突变过程产生新一代染色体群。经过染色体一代一代的进化，最后会收敛到最适应环境的一个染色体上，它就是问题的最优解。

字串是一个个体（实际问题的某一个解）的存在形式，在遗传算法中为二进制串或者其他方式编码，对应于遗传学中的染色体。字串存在于种群之中，种群是个体的集合，是一代一代进化的解的集合。种群大小指群体中包含字串的多少。种群中某个体的适应度用于表征该字串（解）对求解问题的优劣。适应度高的个体（更优的解）可以获得更多的繁殖机会，而适应度低的个体，其繁殖机会就会比较少，甚至逐渐灭绝。

编码和解码过程就是建立和解析字串对应的解，是遗传算法建立模型的一个关键问题，其本质就是建立问题域和遗传域之间的映射关系。每一代新种群主要通过繁殖、交叉和突变三种动作从上一代种群中产生。**繁殖**操作是指以一定概率从种群中选择若干个体的操作。一般而言，就是基于适应度的随机抽样（优胜劣汰）过程，适应度大的个体具有更高的抽中概率使其保留在下一代种群中。**交叉**操作模拟了有性生殖生物在繁殖下一代时两个同源染色体之间通过交叉而重组，即在两个不同的字串的相同位置将其切断并互相交换组合，形成两个新的染色体。**突变**则是改变某个字串中的某个随机位置的值的操作。遗传算法中种群大小、交叉和突变的概率都会影响收敛的速度和最后解的质量，小的种群和小的交叉/突变概率会加快收敛速度，但最后的解质量不高，而过大的交叉/突变概率有可能造成种群收敛很慢，甚至无法收敛。

遗传算法的流程如图6.8所示，其步骤包括以下方面：

（1）随机产生初始种群，个体数目一定，每个个体表示为一个编码字串。

（2）计算每个个体的适应度，并判断是否符合优化的结束准则，若符合，输出最佳个体及其代表的最优解，并结束计算；否则，转向步骤（3）。

（3）依据适应度随机选择允许繁殖的个体，适应度高的个体被选中的概率高，适应度低的个体可能被淘汰。

（4）按照一定的交叉概率和方法，生成新的个体。

（5）按照一定的突变概率和方法，生成新的个体。

（6）由步骤（3）～步骤（5）形成的个体组成新一代种群，返回到步骤（2）。

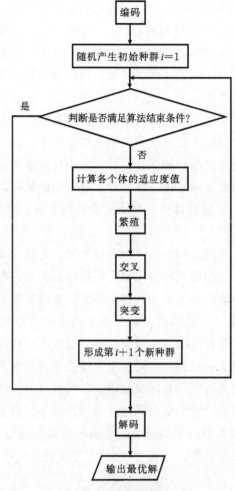

图 6.8　遗传算法的流程

6.5　模拟退火算法

　　对于可能具有多个局部最优值的目标函数，如何在求解其全局最优值时避免陷入局部最优值是最为关键的问题，模拟退火算法（simulated annealing algorithm）正是一种解决这一问题的概率方法。模拟退火算法模拟的是冶金学中物理退火的过程。退火是将材料加热至一定温度并保持足够时间，而后再缓慢降温以减少材料缺陷和降低系统能量的一个过程。在理想的退火过程中，材料在各个温度下均能达到热平衡，随着温度缓慢下降，材料中原子的热运动逐渐减弱，体系的能量不断降低，最终原子规则排列形成稳定结构，对应模拟退火算法中的全局最优解。

　　与真实的退火过程相对应，模拟退火算法需要模拟固体热平衡和缓慢降温这两个过程。在 1953 年 Metropolis 提出了一种重要性抽样方法用于模拟恒定温度下固体达到热平衡的过程，而 Kirkpatrick 等人于 1983 年将 Metropolis 方法与退火过程结合起来，提出了模拟退火算法，并将其应用于解决组合优化问题。对于模拟退火算法每次迭代产生的新的可行解，该算法根据 Metropolis 准则接受所有比当前解更优的解，但同时也以一定的概率接受比当前解更差的解，以此避免陷入局部最优解，在全局范围里搜索更多的可行解。在缓慢降温的过程中，模拟退火算法的搜索范围将逐渐减小，当前解最终趋于优化问题的全局最优解。

模拟退火算法的一般过程如下：

（1）输入算法中需要用到的参数，包括初始温度、每个温度下迭代的次数、退火计划和算法终止条件等，终止条件可设为体系温度达到终止温度或者连续一定数量的新的可行解被拒绝等。

（2）给定或随机生成一个初始的可行解作为当前解 x_i。

（3）基于当前解 x_i 通过随机扰动迭代产生一个新的可行解 x_{i+1} 并计算代价函数 $f(x_{i+1})$，若代价函数 $f(x_{i+1})$ 优于 $f(x_i)$，则更新最优解为 x_{i+1}，否则最优解仍为 x_i。

（4）根据 Metropolis 准则判断新的可行解是否被接受，产生一个单位区间内的随机数 s，若 $s \leqslant e^{-\frac{f(x_{i+1})-f(x_i)}{T}}$，则接受新解，其中 T 为当前温度。返回步骤（3）继续模拟直至达到该温度下的迭代次数或满足算法终止条件。

（5）根据退火计划进行降温，重复步骤（3）直至算法终止，输出最优解。

模拟退火算法的流程如图 6.9 所示。

模拟退火算法是一种通用的优化算法，在各种组合优化问题以及工程中都有令人满意的表现，在理论上被证明能够收敛至全局最优解，但此时所需要的退火速度过于缓慢，在实际应用中几乎是不可能达到的。事实上，参数的控制对于模拟退火算法的结果起着决定性的作用，初始温度的设置、每个温度下的迭代次数和退火计划等都是影响全局搜索性能的重要因素。一般而言，初始温度越高、迭代次数越多、降温速度越慢，就越有可能在全局中搜索到最优解，但显然这会导致计算成本的大幅增加，如何平衡计算结果的优化程度和计算成本是使用模拟退火算法时需要考虑的重要问题。

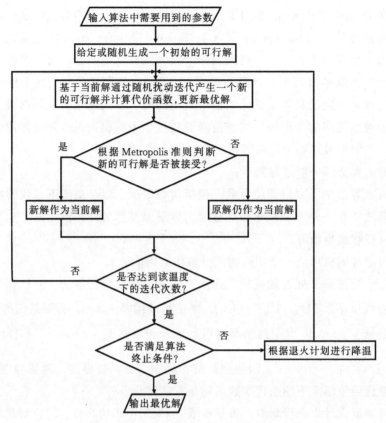

图 6.9　模拟退火算法的流程

6.6　蚁群优化算法

人们在研究蚁群行为的时候发现，很多种类的蚂蚁在寻觅食物的过程中会在经过的路径上释放一种被称作"信息素"的物质，同时它们也能够感知到路径上信息素的存在并倾向于选择信息素浓度更高的路径行进。根据这一原理，在蚂蚁从巢穴出发再将食物搬运回巢穴的过程中，路径的距离越短，在相同时间内蚂蚁往返的次数越多，路径上的信息素浓度也就越高，而更高的信息素浓度能够吸引更多的蚂蚁选择这一路径搬运食物，这进一步促进了路径上信息素浓度的升高，形成了一种正反馈机制。蚁群正是利用这一机制找到巢穴与食物之间的最短路径并高效地运送食物。

受到蚁群觅食行为的启发，Dorigo 等人于 20 世纪 90 年代提出了蚁群优化算法（ant colony optimization）并将其应用于解决旅行商问题（travelling salesman problem），这一问题指的是给定一组城市并已知每两座城市之间的距离，求解旅行每座城市有且仅有一次并回到起点的最短回路。在蚁群优化算法中，城市被抽象为结点，城市之间的路径被抽象为带有长度的边，通过模拟一定数量的人工蚂蚁在连通图上移动来求解最短回路，该算法的关键在于引入一个名为"信息素"的变量，这一变量与每条边相关并能够被蚂蚁读取和修改。

最短回路的求解是通过算法的迭代实现的，在每一次迭代中，蚂蚁通过在图上结点间的行走来构建一个可行解，但在行走的过程中不能访问已经走过的结点。蚂蚁在选择下一个旅行结点时，选择某一结点的概率与该结点和当前结点相连的边的信息素浓度成比例。在迭代结束时，可根据蚂蚁构造的可行解的好坏对每条边上的信息素浓度进行修改以使局部最优解逐渐向全局最优解收敛。

最早的蚁群优化算法是蚂蚁系统算法（ant system），这一算法的主要特征是在每次迭代中每条边上的信息素浓度会被所有蚂蚁更新，连接结点 i 和 j 的边的信息素浓度 τ_{ij} 更新方式如式（6-19）所示。

$$\tau_{ij} \leftarrow (1-\rho)\cdot\tau_{ij} + \sum_{k=1}^{m} \triangle\tau_{ij}^{k} \tag{6-19}$$

其中，ρ 是信息素挥发率；m 是所有蚂蚁的数量；$\triangle\tau_{ij}^{k}$ 是蚂蚁 k 在边 (i,j) 上留下的信息素浓度，其大小如式（6-20）所示。

$$\triangle\tau_{ij}^{k} = \begin{cases} \dfrac{Q}{L_k} & \text{如果蚂蚁} k \text{在环游过程中经过了边} (i,j) \\ 0 & \text{其他} \end{cases} \tag{6-20}$$

其中，Q 是一常数；L_k 是蚂蚁 k 环游的回路长度。在构建可行解的过程中，蚂蚁 k 处于结点 i 且下一个旅行结点选择结点 j 的概率 p_{ij}^{k} 如式（6-21）所示。

$$p_{ij}^{k} = \begin{cases} \dfrac{\tau_{ij}^{\alpha}\cdot\eta_{ij}^{\beta}}{\sum \tau_{ij}^{\alpha}\cdot\eta_{ij}^{\beta}} & \text{如果} c_{ij} \in \{s^p\} \\ 0 & \text{其他} \end{cases} \tag{6-21}$$

其中，s^p 表示的是蚂蚁 k 达到结点 i 时已经构造的部分解；$\{s^p\}$ 表示的是结点 i 与所有蚂蚁 k 尚未访问过的结点 l 相连的边 (i,l) 的集合；参数 α 用于控制信息素浓度对选择概率的影响；η_{ij} 是先验的启发式信息，表示结点 j 对位于结点 i 上蚂蚁的吸引力，通常定义为结点 i 与 j 之间距离的倒数，参数 β 则用于控制这一信息对选择概率的影响。

通过改变信息素浓度的更新规则及蚂蚁选择下一旅行结点的概率公式，蚁群优化算法衍化产生了一些更加成熟的算法，如最大-最小蚂蚁系统算法（max-min ant system）和蚁群系统算法（ant colony system）等。实际上通过合理地对组合优化问题建模，蚁群优化算法能够被应用于解决二次分配问题、车间调度问题等很多优化问题，有兴趣的读者可以查阅相关的文献进行了解。

6.7　专家系统

在人工智能领域，专家系统（expert system）是一种能够模仿人类专家进行决策的计算机系统。专家系统拥有特定领域内人类专家在学习和研究过程中所积累的知识和经验，在解决实际问题时，该系统会根据已知的问题和情况对已有的知识进行推理和演绎，作出结论和决策。与常规的利用数据结构和算法编写程序代码的软件不同，专家系统的本质是对知识进行推理，因此其可以被分为两个子系统：知识库和推理机。除了知识库和推理机这两个核心部分外，一个完整的专家系统还需要包括知识获取系统和人机交互界面两个部分，如图 6.10 所示。

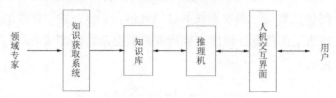

图 6.10　专家系统结构

知识库储存了由相关领域专家提供的知识，这些知识由事实集和规则集两个部分组成，事实集包含的是显式表达的事实，规则集则包含了显式表达的包括常识、经验等在内的领域知识和启发性知识等，这也正是知识库与传统数据库的本质区别。知识库的核心是产生式规则，即满足前件便能推导出后件的假言命题；推理机对事实的操作主要是通过不断调用产生式规则进行的。由于专家系统的推理完全依赖于知识库，知识库中知识的水平决定了专家系统的优劣，而知识库与系统其他部分的相对独立性使得系统性能的提高可以通过修改和补充知识来方便地实现。

推理机根据用户所提出的问题，通过多次调用知识库中的规则对事实集进行操作和推理，最后得到问题的结论。在这一过程中，推理机首先会利用盲目搜索和启发式搜索在知识库中寻找最为合理的答案，但当问题较为复杂时，这一方法通常不能得到令人满意的结果。推理机中最常使用的控制策略是正向链式推理和逆向链式推理。正向链式推理指的是从问题中的已知事实条件出发，寻找知识库中条件能够与事实条件相匹配的规则，调用这些规则进行演绎推理得到中间结论，再将中间结论作为新的条件不断重复推理直到得到最终结论。逆向链式推理则是指先假设一个目标，寻找知识库中结果与目标相符的规则，将规则中的条件作为中间目标继续与其他规则的结果相匹配，直至规则的条件与问题中的已知事实相符或所有规则都已检索完毕。在实际应用中，专家系统一般会采用将两种推理控制策略混合使用的"双向式"推理。在处理不确定性问题时，推理机会采用模糊逻辑、多值逻辑等方法进行演算。

　　知识获取系统是专家与专家系统之间的桥梁，然而建立专家系统所需要克服的主要困难之一便是如何将专家的知识转变为计算机所能直接处理和操作的事实与规则，一般的解决方案是知识工程师与领域专家合作共同建立专家系统的知识库。

　　人机交互界面是用户与专家系统进行交流的界面，既承担着将用户的问题输入给推理机的功能，也能够将推理机的决策、决策原因和决策过程返回给用户。

第7章　高分子科学中的常用软件

在高分子领域的科研工作中，我们常需要使用相应的计算机软件以达成特定的工作目的。在操作大型仪器对产物的结构和性能进行表征时，我们需要使用配套的计算机软件设置表征时的各个参数以及控制表征的整个过程；在获得产物表征的原始数据之后，我们需要使用合适的数据分析和绘图软件对其进行分析、处理和作图；在把科研成果汇总成一篇论文时，我们需要高效、美观、合乎要求地组织文章的内容，这离不开文字处理和编排软件的使用。可见，计算机软件已经应用在科研工作的方方面面，熟练掌握常用软件的使用方法将会成为我们科研道路上的一大助力。由于计算机软件数量繁多以及使用方法复杂，我们无法对所有软件进行全面的介绍，也无法详述某个软件的具体使用细节，事实上这也并非本书的目的，在这里我们仅对一些常用软件进行简单介绍，使读者能够对高分子科研过程中所需使用的软件有一个大体的认识，在确有需要之时可以查阅相关书籍以及软件的说明文档等，学习软件的使用。

MATLAB是一款非常成熟的商业数学软件，最早的软件版本于1984年问世，在随后的30余年时间里，美国MathWorks公司不断丰富和完善MATLAB的功能，使其成为当今影响力最大、最受欢迎的数学软件之一。MATLAB这一名称来源于Matrix Laboratory（矩阵实验室）的缩写组合，在MATLAB中，矩阵的创建和表示是非常方便的，而矩阵的操作和运算也与数学中的表达形式十分相似，为用户带来了极大的便利。先进的数值和符号计算算法赋予了MATLAB高效且强大的计算能力，使用户能够更加专注于问题的解决而非复杂的数学运算分析，这正是MAT-LAB能够吸引诸多领域科研工作者的优势之一。MATLAB的另一特色功能在于其各式各样的绘图库，包括标准绘图、高级绘图以及自定义绘图，完备的图形绘制功能不仅可以实现计算过程和结果的可视化，还能对所绘图像进行美化和处理。除此以外，MATLAB在数据分析、APP构建、与Simulink协作进行建模仿真等方面都具有自身的特色，这些丰富而强大的功能得益于MATLAB的主工具箱以及数量众多的功能性工具箱和学科性工具箱，工具箱可供读写的开放性更是适应了用户各自不同的使用需求。

核磁共振波谱法是一种分析和鉴定复杂有机化合物结构的强有力方法，不但制样方便、分析速度快，而且能够提供非常详尽的分子结构及原子间相互作用信息，受到广大高分子科研工作者的重视。利用核磁共振波谱仪表征样品得到的数据需要专门的软件进行分析处理，由西班牙 Mestrelab Research 公司研发的 MestReNova 正是这样一款常用的核磁共振波谱数据分析软件。MestReNova 不仅可以绘制出 ^{1}H-NMR 谱、^{13}C-NMR 谱等一维核磁共振谱，还能在二维平面上处理 ^{1}H-^{1}H COSY、HSQC、HMBC 等各种二维相关谱。在对原始数据进行傅里叶变换、相位差校正、基线校正等处理后，我们可以使用 MestReNova 提供的丰富的分析工具进行解谱，例如使用标峰工具标注信号峰的化学位移，使用积分工具对信号峰进行积分，使用堆叠工具将多张不同的谱图放在一起对比等。

高分子科学实验中大量数据分析与作图的工作可以交给诸如 Origin 或 Microsoft Excel 等软件来完成，利用它们能简便地整理与分析实验数据，包括对大量成对的数据进行排序、整体加减乘除求对数、微分/积分、回归拟合、二维或三维作图等，也需要对数据作图的横纵坐标、标尺、数据点和曲线符号、图注等进行编辑修改等。美国 OriginLab 公司出品的 Origin 软件是科研工作者最为常用的绘图软件之一，它具有非常强大的数据分析和图像绘制功能。在数据分析方面，Origin 提供了曲线拟合、插值、数字信号处理、统计分析等许多重要且具有广泛应用的功能，帮助科研工作者高效便捷地处理和分析所得数据。在图像绘制方面，Origin 能够非常方便地导入 ASCII、CSV、Excel 及其他第三方格式的数据，并利用绘图模板绘制出折线图、散点图、极坐标图、风向玫瑰图等各式各样的二维图像以及三维的函数图、柱形图、带状图等。不仅如此，用户还可以根据自己的需要利用 Origin 提供的图层功能、文本功能等诸多工具对图像进行个性化的编辑和处理，这一点为科研工作者提供了很大的便利。Microsoft Excel 也是一款常用的数据处理软件，利用其自带的计算功能和图表工具同样可以满足许多绘图的需求。

ChemDraw 是美国 CambridgeSoft 公司开发的 ChemOffice 化学分析桌面套件中的一款专业化学绘图软件，其最为独特的功能是完善的化学结构绘制功能，利用 ChemDraw 所提供的各种绘图工具和结构模板我们可以根据需要轻松地绘制出复杂的分子结构式、化学反应式、反应机理图、实验仪器等。各个国际期刊对投稿论文中的化学结构绘制都有一定的标准和要求，因此绘制出符合要求且美观的化学结构是一件十分重要的事情，而 ChemDraw 将这些标准内置到了软件当中，能够按照标准方便地对所绘制的化学结构格式进行修改，极大地减少了科研工作者在绘制图像时的工作量。除了化学结构的绘制，ChemDraw 还能够对化合物的理化性质和光谱数据进行计算和模拟，可供用户分析和参考。

　　科研工作的最后一个环节是将科研成果整理成论文发表，而在撰写论文的过程中则需要例如 Microsoft Word 或 WPS Office 等文字处理软件。Microsoft Word 是我们最为熟悉的文字处理软件，其广受欢迎的原因在于操作界面友好以及文字处理功能强大，文字输入及字体设置、段落格式设置、公式和图表的插入等基本功能只需通过简单的了解即可掌握，而目录生成、多级列表、页眉和页脚的设置等高级功能的使用也并不复杂。另外，Microsoft Word 还提供了非常完善的审阅功能，以供不同用户对文档进行修订和批注，为用户间的交流协作创造了便利的条件。Microsoft Word 的排版特点是"所见即所得"，对文字的处理能够同时显示在屏幕上，而另一款科研工作者常用的排版软件系统 LaTeX 则与之不同，是通过编译用户输入的语法和命令对文章进行排版。相较于 Microsoft Word 而言，LaTeX 的初期学习成本更高，但其最大的优势在于专业的排版功能，能够让用户控制排版的每一处细节，尤其适合需要排版大量数学公式的场合。

　　在科研工作中我们需要阅读大量的专业相关文献，对这些文献进行分类和整理并不是一件轻松的事；在撰写论文时，我们还需费力地将参考文献标注在文章当中并按照一定的格式将参考文献列在文末，为了更好地整理文献和撰写论文，我们可以使用 EndNote 或 Reference Manager 文献管理软件。EndNote 是一款常用的文献管理软件，用户不仅可以直接在软件中在线查找和下载绝大多数文献数据库中的文献资料，还能够在个人计算机上根据自己的需求建立文献数据库对文献进行编排和整理。EndNote 还提供了方便的文献引用功能，能够按照指定的引文样式在 Microsoft Word 文档中插入参考文献并自动编号，极大地简化了论文中参考文献整理编目的工作。